中國人民解放軍

王偉 等 編著

前言

進入二十一世紀以來，隨著中國綜合國力的上升和軍事實力的提高，中國國防政策、軍事戰略以及軍力發展愈來愈成為世界矚目的熱點，海外出版了不少關於中國軍隊的書籍。遺憾的是，由於有些作者缺乏第一手準確資料，他們的著作中或多或少地存在一些值得商榷之處。

中國人民解放軍是一支什麼樣性質的軍隊？中國軍隊各軍兵種處於什麼樣的發展階段？中國軍隊的武器裝備達到什麼樣的發展水平？這些問題引起了國際社會高度關注和一些海內外媒體的廣泛熱議。有鑒於此，我們認為編寫一套生動、準確地介紹中國軍隊的叢書，無論對國內讀者還是國外讀者來說，都將是一件極有意義的事情。

本書試圖沿著中國軍隊的成長脈絡，關注其歷史、現狀及未來發展，通過大量鮮活事例的細節描述，從多個視角真實地展現人民解放軍的整體面貌。

在書籍的策劃和撰寫過程中，為確保權威性和準確性，我們邀請了解放軍有關職能部門、軍事院校、科研機構專家共同參與。與此同時，本書也得到了國防部新聞事務局的大力支持與指導。我們相信，由於上述軍方人士的積極參與，將使本作增色不少。

由於編者水平有限，在試圖反映中國人民解放軍這一宏大題材的過程中，難免存在一些疏漏和不足之處。在此，歡迎讀者給予批評和指正。

編 者

二〇一二年八月

目錄

第三章・內戰：以弱勝強的奇蹟

第四章・鞏固國防：邁向正規化、現代化

第五章・精兵之路：裁軍與轉型

第六章・軍兵種構成：從單一步兵到合成軍隊

第七章・陸軍裝備：從引進、仿製到自主研發

第八章・為人民服務：永遠的傳統

導言

中國人民解放軍自一九二七年八月一日誕生以來，已走過了八十多年的發展歷程。

有這樣一張已經發黃的老照片，照片上是一支正在行軍的隊伍，隊伍中有戴禮帽的，有穿長衫的，還有穿著短褲的；士兵們的武器更是簡陋，有的背負大刀，有的手握長矛，有的肩背來復槍。然而，這支看上去衣衫襤褸、裝備簡陋，甚至隊形散漫的隊伍，卻連續打了五個勝仗，殲敵三萬，繳獲槍枝二萬餘支——這就是威名赫赫的中國紅軍。照片是他們粉碎國民黨軍對中央蘇區第二次「圍剿」中拍的，指揮這支軍隊的就是毛澤東和朱德。時間是一九三一年五月。

這張照片與今天人民解放軍現代化的風貌組接起來，就生動地展現出一部人民解放軍從小到大、從弱到強的光榮歷史。

中國共產黨擁有自己的武裝力量是在一九二七年。由於蔣介石等人發動政變，屠殺共產黨人，中國共產黨被迫發起武裝起義，創建了紅軍，進行反抗獨裁、追求自由的革命戰爭。這時，擺在中國共產黨面前一個迫切需要解決的問題是，弱小的紅軍怎樣才能生存、發展和戰勝比自己強大許多倍的國民黨軍。毛澤東率領起義部隊在井岡山建立了第一個農村革命根

據地，開闢了一條「農村包圍城市、武裝奪取政權」的革命道路。弱小的紅軍依託農村革命根據地，一次又一次粉碎了國民黨軍的「圍剿」，不斷地發展壯大。抗日戰爭和解放戰爭中，他們採取靈活機動的戰略戰術，先後打敗了氣焰囂張的日本侵略軍和八百多萬優勢裝備的國民黨軍，創造了用小米加步槍打敗了飛機大砲，用木船戰勝了軍艦的奇蹟。

一九四九年十月一日，天安門的開國大典禮炮，宣告這支浴血奮戰二十二年的軍隊的使命已由打贏戰爭轉向保衛和平。

但是在當時的冷戰格局下，剛剛建立的中華人民共和國被捲入朝鮮戰爭中，組成中國人民志願軍赴朝作戰。在敵我武器裝備懸殊的情況下，官兵們用英勇犧牲換取了最終的和平。

為了國家的安全，毛澤東宣告：「我們將不但有一個強大的陸軍，而且有一個強大的空軍和一個強大的海軍。」

人民空軍從馬拉飛機開始起飛，人民海軍靠木殼等老式艦船起航，在極其困難的條件下，人民解放軍踏上了現代化建設的征程。

一九八五年，鄧小平宣布了一個令世界震驚的消息：人民解放軍裁減軍隊員額一百萬。爾後，中國又兩次宣布裁軍，分別是五十萬和二十萬。人民解放軍總規模減至二百三十萬，並逐步實現了從龐大向強大的跨越。

當年參加「八一」南昌起義的陸軍某部，現已裝備新型坦克、新型火炮、新型步戰車等，成為鐵甲雄師。

當年由陳舊炮艇裝備的海軍第一支水面艦艇部隊，現在艦艇全部實現了導彈化、自動化，成為海上的精銳之師。

當年由螺旋槳飛機裝備的人民空軍第一支航空兵部隊，現已全部裝備國產最新型殲擊機，成為長空鐵拳。

經過多年的革新和建設，中國人民解放軍已由過去單一軍種發展成為諸軍兵種合成、具有一定現代化水平開始向信息化邁進的強大軍隊。

本書對中國人民解放軍八十五年的發展歷程做了一次全方位的掃描，選取了較為重要的節點和篇章，以向世人展示這支軍隊獨有的歷史傳統和光榮使命。

第一章

長征：驚心動魄的史詩

一九八四年，一位七十六歲高齡、患有嚴重心臟病的美國老人來到中國，要完成他十多年的一個心願。

老人叫哈里森・索爾茲伯裡，是一位職業記者。多年前，哈里森讀到了埃德加・斯諾的《西行漫記》，對陌生的中國紅軍特別是紅軍的長征，產生了濃厚的興趣。斯諾稱紅軍的長征是「驚心動魄的史詩」，但限於當時的條件，斯諾對長征的描述都是通過事後的採訪寫成的。哈里森不滿足於此，他決定要通過記者的客觀視角，對傳說中的「奇蹟」做一次完整而客觀的報導。

一九八四年，哈里森來到日益開放的中國，選擇「親自體驗」的方式，走進歷史的真實。他用了七十四天時間，帶著打字機，沿著當年紅軍長征的路線，進行實地採訪。他親自走過崎嶇的山路，攀爬高聳的雪山，在中國西部生命的禁區跋涉，和參加過長征的戰士（包括不少婦女）以及見證過長征的老百姓進行開放自由的交談。

在獲得豐富的資料後，哈里森寫作出版了《長征——聞所未聞的故事》一書。在序言中，哈里森簡單地告訴人們一句話：「只有到實地旅行，才能感受到毛澤東及其男女戰士所經受的艱難困苦。」他稱長征「在人類活動史上是無可比擬的」，是「考驗中國紅軍男女戰士的意志、勇氣和力量的人類偉大史詩」。

在中國人民解放軍八十多年的歷程中，頭十年是最為艱難的時期。而在這十年磨難中，中國工農紅軍進行的長征，則是最為艱難的考驗，那種艱難困苦是今天的人們所無法想像的。所以，在中國人民解放軍的歷史上，「長征」是一個有著特殊含義的名詞。

星星之火

二十世紀初期的中國曾被人形容為「只剩幾萬萬黑暗的人的背影」。

在這黑暗的背景中，卻不斷有勇敢的身影站到前列，用自己的激情和犧牲，力圖拯救祖國的衰敗和屈辱。

一九二一年七月，十三名來自中國各地的代表聚集到上海，成立了一個新的政黨：「中國共產黨」。當時並沒有多少人關注這一事件，中國共產黨只是幾百個政黨和組織中不起眼的一個，但中國共產黨自成立之初就充滿了理想和激情，希望用馬克思主義給中國帶來新的動力和轉機。

此時，中國最大的政黨是中國國民黨。中國國民黨的締造者、中國資產階級民主革命的先行者孫中山希望能用「新鮮的血液」改造「墮落」中的國民黨，他邀請年輕而富有理想的共產黨人加入國民黨，兩黨以黨內合作的形式共同革命，史稱「中國大革命」。

中國共產黨在成立之初的六年間，並沒有自己的軍隊，而是幫助國民黨建立了一支新型的軍隊——國民革命軍。

在今天中國廣州一個名叫黃埔的地方，能看到一片中式和歐式混搭的建築群，這就是國共合作創辦的陸軍軍官學校（後來人們習慣性稱為黃埔軍校）。它是國民革命軍的搖籃，後來國共兩黨的很多高級將領都曾在這裡學習。

在很多黃埔學生的記憶中，除了校長蔣介石之外，軍校最重要的人物就是英俊、儒雅的周恩來了。周恩來是中國共產黨最早的黨員之一，一位富有個人魅力的領導。一九二四年十一月，周恩來從法國留學回國後，出任黃埔軍校政治部主任。除了周恩來，在黃埔軍校工作的共產黨員最多時達到一百六十餘人。

在這段黃金般的歲月裡，共產黨和國民黨齊心協力，致力於共同的革命事業，他們的共同敵人是控制著中國大部分地區的北洋軍閥。

在黃埔軍校之外，年幼的中國共產黨表現出了非凡的組織能力和動員能力。相比於國民黨員，共產黨員被讚譽有著「明確的思想和無畏的勇氣」，他們對發起民眾有著極高的熱情。

以毛澤東為代表的一大批共產黨人，組織開展了中國近代史上廣泛的最有組織的民眾革命運動。這一運動首先在中國南方的廣東深入開展。到一九二七年春，全國農民協會會員達到近一百萬人，工會會員將近一百九十萬人，市民運動、學生運動、婦女運動等也相應開展起來。

為推翻北洋軍閥的統治，一九二六年到一九二七年，國共兩黨合作進行了北伐戰爭。共產黨人對這一勝利的貢獻是毋庸置疑的。民眾對軍隊的支持得益於中國共產黨的動員，很多戰鬥英雄是共產黨員。後來成為中共

◀ 黃埔軍校政治部部分人員合影

著名將領的葉挺在北伐戰爭時就是矚目的軍事人才，他帶領的獨立團被認為是第四軍中最有戰鬥力的部隊，而以共產黨員為骨幹的第四軍更是搏得了「鐵軍」的稱號。

▲ 北伐軍準備進攻武昌

然而，此時孫中山已經逝世，作為新任國民黨領袖的蔣介石，卻改變了孫中山的宗旨。他通過一系列「事變」，掌握了對國民革命軍的統治權。一九二七年四月十二日，還在北伐期間，蔣介石就在上海發動政變，把槍口對準了曾經「共患難」的合作者——共產黨人。

中國共產黨遭受重創，六萬名黨員，只剩下一萬多人。

血的教訓使中國共產黨猛然間醒悟：沒有自己的軍隊，就沒有共產黨的合法地位，更不能實現救國救民的理想。

▲ 南昌起義總指揮部舊址——原江西大旅社

在極端危急的形勢下，中國共產黨決定在各地發動武裝起義。

第一槍在江西省省會南昌打響，時間是一九二七年八月一日。

南昌起義的主力來自於國民革命軍第二方面軍，這是當時的主力部隊，集中了很多優秀的軍事將領。

七月二十八日，中共中央前敵委員會書記周恩來親自到 20 軍指揮部會見軍長賀龍，把行動計劃告訴他，徵求他的意見。賀龍當時還沒有加入共產黨，但他堅決表示：「我完全聽共產黨的命令，黨要我怎麼幹就怎麼幹。」周恩來當即代表前敵委員會任命他為起義軍總指揮。

八月一日凌晨二時，起義部隊對南昌守敵發起全面進攻。至天明，全殲敵軍，繳獲各種槍五千餘支。起義勝利後，總前委對起義部隊進行了整編。起義部隊二萬餘人，被編為三個軍，繼續沿用國民革命軍第二方面軍番號，以 20 軍軍長賀龍兼代總指揮，11 軍軍長葉挺兼代前敵總指揮，朱德任第 9 軍副軍長。起義部隊雖然用的是國民革命軍的番號，但這僅是形式上的沿用。實際上，這支軍隊已置於共產黨的領導之下。

南昌起義後，國民黨軍急忙向南昌進攻。起義部隊按原定計劃，率部向南進軍。八月三日，起義軍陸續離開南昌，南下廣東。經過兩個月的長途跋涉，一路轉戰，主力部隊到達廣東潮汕地區。但因遭到優勢敵人圍攻，部隊減員嚴重，不得不折返轉移。進入山高路險的山區後，一些人望而生畏，加之給養、藥品奇缺，導致一些意志薄弱的人悲觀失望，相繼離開部隊。

十月下旬，起義部隊抵達江西南部一個叫天心圩的小鎮時，只剩下千餘人，大部分師長、團長都丟下隊伍走了。見此情形，後來成為紅軍總司令的朱德挺身而出，把官兵集合起來講話。他說：「雖然大革命是失敗了，我們的起義軍也失敗了，但是，我們還要革命的。要革命的跟我走；不願意繼續奮鬥的可以回家！不勉強！只要有十支八支槍，我還是要革命的！」

聽了這番話，許多人心中又燃起了希望之火。部隊得以初步穩定，繼續西進。

一九二八年一月，朱德率領八百多人進入湘南。不久，部隊發展到二千多人，改名為工農革命軍第 1 師，朱德任師長，陳毅任黨代表。這支部隊後來轉戰到井岡山地區，成為工農紅軍的重要來源之一。

南昌起義，標誌著中國紅軍的誕生。八月一日後來被確定為中國紅軍的建軍節，一直延續到今天。在中國人民解放軍軍旗的標識上，就有醒目的「八一」兩個字。這是對那段艱難歲月的紀念，更是對無上勇氣的尊敬。

南昌起義爆發後一個月，一九二七年九月初，毛澤東也開始了另一場武裝起義的籌備工作。

當時的毛澤東三十五歲，是三個兒子的父親，一個喜歡讀書和沉思的職業革命家。雖然是知識分子，但他卻喜歡跟農民打交道。早在湖南第一師範學校畢業後不久，毛澤東就成為一群熱血青年的領袖，在國共合作期間，他在國民黨內擔任了頗為重要的

▲ 一九二一年七月，毛澤東出席中國共產黨第一次全國代表大會，成為黨的創始人之一。

職務，展露出了出眾的領導才能。

大革命失敗後，毛澤東心情沉重而困惑，但作為共產黨的忠實成員，他必須鼓起勇氣，面對殘酷的命運。

受黨的委派，毛澤東來到湖南領導湘贛邊界秋收起義。他把保留著的一些武裝力量，整編為工農革命軍第 1 軍第 1 師，共五千餘人。

九月九日，湘贛邊界秋收起義爆發。十一日，工農革命軍第 1 師按計劃舉行起義。在攻打幾個縣城受挫後，部隊放棄會攻長沙計劃，轉向農村進軍。九月底，在國民黨軍的追擊中，毛澤東率領疲憊不堪的隊伍來到了江西的一個偏僻村莊——三灣村。這時，隊伍只剩下不足一千人，逃跑造成的減員遠遠大於戰鬥中的傷亡。

▲ 毛澤東與紅軍戰士合影

知識分子出身的毛澤東有生以來第一次帶兵，卻遭遇這樣嚴峻的挑戰，他該如何選擇？

顯然，這支由國民黨軍分化出來的隊伍和群眾武裝的起義軍存在著弊病，不經徹底的改造，根本不能擔負起中國革命的任務。毛澤東相信，戰勝恐懼唯一的武器就是信仰，只有用共同的信仰才能把這支渙散的隊伍凝聚起來。

毛澤東採取堅決的措施，根據自願，要留則留，要走的就發五塊錢的路費。整頓後留下的只有七百多人。人雖少，卻精幹得多。毛澤東將留下部隊縮編為一個團。

更為重要的舉措是在部隊中建立黨組織，班、排有黨小組，營、團建立黨委，支部建在連上，在連以上各級設置黨代表。於是，這支部隊便完

▲ 紅軍利用戰鬥間隙幫助群眾收割莊稼

全處於黨的領導之下。

三灣改編給紅軍帶來的另一個變化是民主制度的實行。一個全新組織——士兵委員會的成立，使得紅軍官兵關係發生了根本性改變，由原來的管制和被管制關係，變成了兄弟般的平等關係，這在中國歷史上是第一次。

三灣改編後，毛澤東曾經集合部隊做了一次演講。

「這次秋收暴動，雖然受了點挫折，但這算不了什麼！常言道：勝敗是兵家常事。我們當前的力量還小，還不能去攻打敵人重兵把守的大城市，應當先到敵人統治薄弱的農村，去保存力量，發動農民革命。我們現在好比一塊小石頭，蔣介石反動派好比一口大水缸，但總有一天，我們這塊小石頭，一定要打爛蔣介石那口大水缸，勝利一定屬於我們。」

這一番真誠而有力的話語，激發了人們心中的熱情。

三灣改編，是中國軍隊史上的一個新篇章。正是從這時開始，確立了黨對軍隊的領導，奠定了新型軍隊的基礎。後來，毛澤東簡潔地把這一創造總結為「黨指揮槍」，這一原則依然適用於今天的中國人民解放軍。

▲ 中國工農紅軍第 4 軍軍旗

三灣改編後，部隊繼續向南轉移，十月下旬到達井岡山，建立了第一個農村革命根據地。

井岡山位於江西和湖南兩省邊界的羅霄山脈中段，遠離中心城市，地勢險要，只有通過五個險峻的哨口方可上山。雖然生活艱苦，卻是易守難攻的軍事要地。

一九二八年四月，朱德、陳毅率領南昌起義的部隊到達井岡山，與毛澤東領導的秋收起義部隊會師，兩部合編為工農革命軍第 4 軍。六月，根據中共中央的指示，工農革命軍統一改稱紅軍。

七月，彭德懷在湖南領導了平江起義，起義軍主力七百餘人於十二月也上了井岡山。

隊伍雖然壯大了，但「人口不滿兩千，產谷不滿萬擔」的井岡山，已很難解決三支部隊的給養。

為了打破國民黨軍的「會剿」，一九二九年的一月十四日，毛澤東、朱德率紅四軍主力三千六百多人離開井岡山，出擊江西南部。

二月一日，紅四軍遇到重大險情，軍部險遭覆滅。

離開根據地的紅軍人生地不熟，軍部宿營的圳下村遭敵突然襲擊。毛澤東聽到槍聲時，敵人的先頭部隊已越過了他的住房。他當即隨警衛員向村外轉移，跑出了危險區。朱德離開住房時，敵軍已迫近。警衛員開槍掩護，中彈犧牲。朱德摘下警衛員的衝鋒槍，在敵我交錯中奪路撤退。但與他同行的妻子被沖散後不幸被捕，慘遭殺害。陳毅當時正披著大衣急走，被衝上來的敵人一把抓住了大衣。他向後一拋，正好罩住了敵人的腦袋，才得以脫身。經特務營全力抵抗，加之另外兩個團趕來增援，軍部才得以安全脫險。

二月十日，紅 4 軍到達江西瑞金城北十多公里的大柏地。大柏地以南有一條長峽谷，山高林密，是打伏擊戰的好場所。當天晚上，紅軍主力埋伏在了道路兩側的高山茂林中。第二天，敵軍二個團進入紅軍的「口袋

▲ 大柏地戰鬥舊址

陣」，被全部圍殲。這是關鍵性的一仗，紅軍俘敵正副團長以下八百餘人，繳槍八百餘枝，扭轉了自下井岡山以來的被動局面。後來，紅 4 軍開闢了贛南和閩西兩塊新的革命根據地，統稱為中央革命根據地。

「星星之火，可以燎原」，這是毛澤東的名言，他預言弱小的根據地必定能獲得發展，這是他在最困難的歲月中，對悲觀失望的人說出的豪言壯語。但這不只源於激情，而是建立在對中國社會現實的敏銳分析的基礎上的戰略性判斷。

毛澤東的預判實現了。到一九三三年，農村根據地已由最初的井岡山一塊發展到十幾塊之多，總面積達十餘萬平方公里，紅軍總人數發展至三十萬人。

艱難的抉擇

面對消滅蓬勃發展的紅軍和革命根據地，蔣介石如坐針氈，視共產黨紅軍為心腹大患。自一九三〇年年底開始，他先後四次調集大軍對共產黨領導的紅軍和革命根據地進行大規模「圍剿」。

一九三一年，日軍發動「九・一八」事變，武力侵占中國東北三省，並一步步向關內進逼。蔣介石堅持奉行「攘外必先安內」的政策，繼續集中力量「圍剿」紅軍，對日本的侵略則採取不抵抗政策。

但是，如此大決心的「圍剿」卻出現了讓蔣介石想不到的結局：他一次次加大圍剿的力度，人數從十萬增至二十萬、三十萬、四十萬，結果卻是一次次的慘敗，把一批批的槍砲彈藥送給紅軍。

一九三三年九月，蔣介石親率百萬大軍，調集二百餘架飛機，對紅軍和革命根據地發動了規模空前的第五次「圍剿」，其中直接用於「圍剿」中央蘇區的兵力就達五十萬人。他還不惜重金，聘請了德、義、美等國軍事顧問，協助制定作戰計劃。國民黨軍隊採取「穩紮穩打、步步為營」的堡壘戰術，邊推進邊修路築堡，一

▲「圍剿」紅軍的國民黨中央軍一部

點點蠶食革命根據地。蔣介石稱此舉為「抽乾塘裡的水，捉塘裡的魚」。

同年十月，紅軍迎來了一位由上海到達江西瑞金的外國人。這位名叫李德的奧地利人，原名奧托・布勞恩，是共產國際派來的軍事顧問。李德到達根據地後，當即被臨時中央授予中央紅軍的總指揮權。這位畢業於蘇聯伏龍芝軍事學院的高材生，在十月中旬的一次會議上傲慢地宣稱：游擊戰爭的黃金時代已經過去了，山溝裡的馬列主義該收起來了，現在一定要擺脫過去那一套過時的東西，建立一套新原則。然而，這位洋顧問並不清楚，此前，中央根據地軍民正是在毛澤東遊擊戰思想的影響下，團結一致，採用「打得贏就打，打不贏就走」的戰術，把國民黨軍隊引進根據地腹地，然後用伏擊戰把他們打得暈頭轉向。

此時，中央紅軍約有十萬。在雙方兵力極為懸殊的情況下，獨攬紅軍指揮大權的李德卻認為，紅軍不能放棄根據地一寸土地，要消滅敵人於陣地之前。他生搬硬套歐洲街壘戰的教條，命令紅軍構築防禦陣地，採取「以碉堡對碉堡」和「短促突擊」的戰術。於是，在國民黨軍隊修建碉堡、步步推進的同時，中央紅軍也在根據地的城、鎮、村交通要道上構築碉堡，分兵把守，處處設防，寸土必爭。十一月二十日，他在寫給部隊師以上領導的信中，斬釘截鐵地說：「如果原則上拒絕進攻這種堡壘，那便是拒絕戰鬥！」

軍人不能拒絕戰鬥！於是紅軍開始了一場與敵人硬碰硬的決戰。在前四次反「圍剿」作戰中能征善戰的紅軍，不得不同占絕對優勢的國民黨軍打陣地戰，拼消耗，陷入東堵西截、窮於應付的局面。這種條件下的戰況可想而知：國民黨軍依託碉堡，在重型火炮和轟炸機的支援下，節節推進；紅軍在碉堡被摧毀、陣地被炸平、子彈幾乎打光的情況下，無奈地背著負傷的戰友，抬著陣亡的同伴屍體，一步步後退。這樣的戰鬥，一次又一次地重複，紅軍蒙受慘重的消耗，蘇區的人力、物力一天天枯竭。

一九三四年四月十日，北路敵人以十一個師的兵力發起廣昌戰役，這是第五次反「圍剿」以來最關鍵的一仗。因為廣昌是中央根據地的北部門戶，敵人從這裡突破，就可以直入中央蘇區的首都——瑞金。時任軍團長的彭德懷從敵我雙方實際出發，認為廣昌根本守不住，建議放棄廣昌城，利用有利地形打運動戰，與敵周旋。這一建議被李德否定。

戰鬥打響了，紅軍指戰員雖然英勇依舊，但因敵軍在數量上和裝備上占絕對優勢，紅軍消耗極大，傷亡俱增。至二十三日，廣昌城外的兩道陣地均告失守。二十八日，紅軍被迫撤離廣昌。這一仗紅軍損失巨大，傷亡

▲ 反圍剿中的紅軍一部

五千五百餘人，占參戰總兵力的五分之一。

二十八日晚，在紅軍臨時指揮部，李德衝著彭德懷責問：「你們是怎樣組織反攻的？又是怎樣組織突擊的？」眼看著來之不易的紅軍和蘇區局面一天天被毀掉，彭德懷再也按捺不住：「怎樣去組織火力？你們的指揮從開始就是錯誤的，沒有打過一次好仗。廣昌戰鬥你們看到了吧！這種主觀主義是圖上作業的戰術家。」他還用湖南土話罵李德是「崽賣爺田心不痛」。彭德懷見李德沒有發火，知道這句話沒有翻譯過去，於是重新叫人來翻譯。李德聽後氣得暴跳如雷，兩人大吵一場，不歡而散。

此役失利後，國民黨軍繼續向蘇區腹地進逼，中央根據地進一步縮小，人力、物力十分匱乏，內線作戰已十分困難，打破敵人「圍剿」已毫無可能。在這種情況下，中共中央決定將主力撤離中央蘇區，進行戰略轉移。

後來，毛澤東在總結第五次反「圍剿」時說：「到打了一年之久的時候，……打破第五次『圍剿』的希望就最後斷絕，剩下長征一條路了。」

周恩來則說得更為乾脆：「萬里長征，就因為在江西打敗了，硬拚消耗，拼到最後擋不住了，不得不退出江西。」

血戰湘江

長征前最後一刻，毛澤東才接到撤離的通知。因為這時他已被剝奪軍事指揮權有兩年了，戰略轉移這樣的大事沒有人同他商量，也沒有人徵求他的意見。

一九三四年十月十六日傍晚，江西於都縣城的十個渡口邊，有序地排列著等候過河的戰士。八點六萬多名紅軍將士踏上征途。當時誰也沒想到，這一步邁出去，等待他們的是一次充滿了苦難、犧牲和英雄氣概的史詩般的「長征」。

一開始，並沒有對行軍的艱難做出預見，所以在八萬多人中，擔任運輸任務的就達二萬人。幾千名挑夫挑著根據地的大量財物——印刷機、硬幣制幣機、造子彈的機器、重新裝填空彈筒的壓床、X 光機，以及滿載重

▲ 二十世紀三〇年代初期紅軍的最高領導人們

要文件資料的箱子，紅軍儲備的銀元、金條、大米、藥品、備用的槍炮、收發報機、電話設備、大卷的電話線等等，在崎嶇的道路上艱難行進。毛澤東後來形容「就像大搬家一樣」，美國記者埃德加・斯諾稱之為「整個國家走上征途」。

搬不盡的罈罈罐罐，抬不完的笨重家什，增加了部隊的疲勞和減員，削弱了紅軍的作戰能力。幾萬人經常擁擠在崇山峻嶺的羊腸小道上，一夜只能走幾公里，或者只能翻越一個小山嶺。走走停停中，戰士們無謂地消耗著體力，站著睡，走著睡，紅軍戲稱為「睡眠行進」。沒有人知道他們將去往何方，沒有人知道走到哪裡會是盡頭。

從十月二十一日至十一月十五日，中央紅軍先後突破國民黨軍三道封鎖線。蔣介石十分震驚，他急令國民黨軍幾十萬人對紅軍形成追堵合圍之勢，企圖把中央紅軍扼殺在湘江以東地區。

就這樣，湘江成為紅軍長征途中面臨的第一個最嚴峻的關卡。

十一月二十五日，中央紅軍決定搶渡湘江，突破國民黨軍第四道封鎖線。

十一月二十七日，紅軍先頭部隊奮勇衝過湘江，並控制了一段渡江地域。可是，後續部隊因道路狹窄、輜重過多，未能及時趕到渡口。

此時，國民黨軍已經完成集結，在湘江兩岸前堵後追。

為了保證中央紅軍過江，擔任前鋒的紅軍將士不顧一切犧牲，與敵人搏鬥，努力在湘江兩岸撐開一條通道。

後面的部隊不分白天黑夜，爭分奪秒，急奔湘江渡口。

國民黨派出了空軍機群，不間斷地實行轟炸。而紅軍沒有任何空中力量，只能靠著堅強的意志力和信念，衝向密集的火線。

▲ 當年的湘江渡口

浮橋炸斷了，會水的戰士泅渡；不會水的戰士拉著連接的背包繩過江。

敵機瘋狂向江中人群掃射，敵彈在搶渡的部隊中炸開。

倒下的紅軍不計其數，殷紅的鮮血將碧綠的湘江染成了紅色，烈士的屍體和遺物浮滿江面，順流而淌。此戰之殘酷，慘不忍睹，以致後來當地老百姓有「三年不食湘江魚」的說法。

紅 34 師是整個中央紅軍的後衛，在掩護主力順利過江後，被阻於湘江以東。師長陳樹湘帶領一百多名官兵向東面敵人兵力薄弱處突圍，但終因寡不敵眾，多數官兵壯烈犧牲，一部分被俘。陳樹湘師長腹部中彈，在昏迷中被俘。陳樹湘在擔架上甦醒過來，發現落入敵手，便拒食拒醫。最後，他趁人不注意的時候，從腹部傷口中拉出腸子，忍痛咬斷，結束了自己的生命。

陳樹湘犧牲時只有二十九歲。

渡過湘江後，中央紅軍從出發時的八萬多人銳減至三萬餘人，其中僅犧牲和失蹤的紅軍將士就高達三點五萬人。

部隊中對軍事指揮不滿和積極要求改變領導的情緒，在湘江戰役後達到了頂點。

美國記者斯諾曾寫道：「把全面指揮一支革命軍隊的戰術的大權交給一個外國人，這樣的錯誤，以後大概是絕不會再犯了。」

雖然軍人們對軍事指揮者的能力不再信任，但沒有人懷疑革命的共同信仰。

前路漫漫，等待人們的還有無盡的苦難，如果沒有信念的支持，接下來的苦難足以把人的心靈碾碎壓垮。

毛澤東的「得意之筆」

中央紅軍付出慘重代價突破湘江後，進入了崎嶇的山區。部隊在山區行軍，找不到糧食、房屋，所有人員只好連日在路上露營，有人在睡夢中還滾下崖去。

此時，國民黨軍十幾萬重兵正在紅軍預定的前進方向上張網以待。面對危險處境，毛澤東提議改變前進方向，得到了大多數人的贊同。紅軍就此轉兵進入敵人統治薄弱的貴州。

一九三五年一月七日凌晨，三十名渾身泥濘的紅軍號兵站在城樓上，一起吹響了衝鋒號。整座城市都被驚醒了。守軍慌亂不堪，他們很多人成為俘虜的時候，還沒來得及穿上衣服。這是紅軍長征途中攻占的最大一座城市——貴州遵義。

遵義城防堅固，駐有重兵，紅軍拿下這座城市，頗有戲劇性。當時紅軍在遵義外圍擊潰一支敵軍後，集中了全團的號兵，換上敵軍服裝，押著俘虜騙開了城門，大部隊隨即一擁而入，城內守敵聽到槍聲望風而逃。

至此，中央紅軍暫時甩掉了後面的追敵，贏得了一段難得的休整。休整期間，紅軍召開了著名的遵義會議。此次會議上，確立了毛澤東在紅軍和黨中央的領導地位。經歷過第五次反「圍剿」作戰的慘痛失敗，紅軍將士對毛澤東的「出山」歡欣鼓舞。

然而，此時的毛澤東卻是「受命於危難之際」，他首先必須面對蔣介石四十萬重兵的圍追堵截。突出重圍看起來幾乎是個不可能完成的任務。中央紅軍僅剩三萬人，武器裝備落後，體力消耗很大，給養十分困難。雙

▲ 遵義會議舊址

方實力之懸殊，達到了長征以來之最。

在蔣介石看來，這場圍殲戰沒有太大懸念。

實力的差距，要靠智慧和勇氣來彌補。於是，就有了中國戰爭史上著名的四渡赤水，一場鬥智鬥勇的經典博弈。

遵義會議後，中央紅軍移師北上。毛澤東了解到，一年半以前，已有一支紅軍在四川建立了根據地，這就是紅四方面軍。於是部隊準備北渡長江，與紅四方面軍會合。

一月十九日，中央紅軍向土城方向開進。國民黨軍迅速調集兵力堵截，擋住了紅軍北上的通道。毛澤東見狀，果斷決定：立即撤出戰鬥，西渡赤水。二十九日，中央紅軍分三路縱隊西渡赤水河，迅速轉向敵軍設防空虛的雲南扎西地區集結。蔣介石急調重兵跟進。

毛澤東泰然自若，一直等到各路敵軍逼近，才率領紅軍由扎西調頭東進，迎著國民黨軍跟進的間隙中穿插，於二月十八日在二郎灘等地二渡赤水，重入貴州。此時，並不是所有的人都能理解毛澤東的良苦用心。紅軍離開遵義才半個月，現在突然回師，這是什麼意圖呢？

實際的戰果回報了紅軍的來回奔波。

紅軍以一個漂亮的回馬槍，再占遵義城，擊潰和殲滅國民黨軍二個師又八個團，俘敵約三千人，同時繳獲大批軍用物資，取得自長征以來的最大勝利。蔣介石獲悉遵義再度失守，連連哀嘆：「這是國軍追擊以來的奇恥大辱。」

此後，毛澤東進一步牽著蔣介石的鼻子轉。中央紅軍又兩次渡過赤水河，多次與國民黨追兵相向而行，在敵軍間隙穿過。值得一提的是，當時紅軍有出色的無線電偵察，能破譯幾乎全部的國民黨軍電碼。毛澤東的靈活機動源於對情報的出色分析，以及在戰場上的快速應變能力。而國民黨軍卻摸不清毛澤東的部署，被紅軍飄忽不定的作戰方式搞得暈頭轉向。

四渡赤水之戰，是紅軍長征史中最精彩、最驚心動魄的軍事行動。二十五年後，毛澤東在會見來訪的英國元帥蒙哥馬利時自豪地說，四渡赤水是他軍事指揮的「得意之筆」。

五十年後，哈里森・索爾茲伯裡也對毛澤東出神入化的指揮藝術讚歎不已。他用詼諧的語言寫道：毛澤東運籌帷幄，計勝一籌，蔣介石活像「巴甫洛夫訓練出來習慣於條件反射的狗一樣，毛澤東要他怎麼樣，他就怎麼樣」。

跳出包圍圈

一九三五年四月，正值明媚的春天，中央紅軍輾轉進入雲南。這是不得已的選擇。這一地區的山嶺大多呈南北向排列，猶如一道道天然的牆壁，擋住了紅軍的去路。要往北去，金沙江卻橫在眼前。金沙江是長江的上游，波濤洶湧，兩岸崇山峻嶺，懸崖絕壁的高度達到三百多米。

這時，紅軍只有一份小比例尺的雲南省略圖，道路、村莊等標示得都不準確，部隊老走彎路。依靠嚮導帶路，只能搞清兩三天的行程。

有一天，一支紅軍部隊意外截獲了國民黨的一輛軍車。車廂裡不但有火腿、茶葉、藥品等，居然還有二十多幅彩色軍用地圖。這些地圖繪製詳細，共標出九處渡口，連渡船數量都有明示。

毛澤東高興地說：「我們正為沒有雲南詳圖而犯愁的時候，敵人送上門來了！從一定意義上說，這一戰績比在戰場繳獲武器還重要，可謂巧獲呀！」

利用這些軍事地圖，毛澤東作出了搶渡金沙江的詳細計劃。四月二十九日，紅軍兵分三路北上。紅軍總參謀長劉伯承率領由紅軍大學編成的幹部團，晝夜強行軍八十公里，直撲皎平渡。當紅軍深夜趕至渡口時，正在打麻將的國民黨守軍束手就擒。其他兩個渡口雖被紅軍控制，但船隻已被敵人燒掉，部隊無法通過，主力均轉向皎平渡。在皎平渡兩岸的懸崖峭壁上，一時間集中了二萬多名紅軍將士、數百餘馬匹和行李擔子。第一天靠兩隻小船擺渡，後來又找到五隻船，但都是破船，船底漏水，每次來回都要將船中水倒入江中才能復渡。

▲ 油畫《巧渡金沙江》

區區七隻小破木船，成了中國革命的方舟，承載著中央紅軍脫離險境的希望。

渡江工作就像一架精準的機器，各個環節都搭配得天衣無縫。

各部隊到達江邊時，事先被告知紀律，要求到江邊時必須停止，不能走近木船；一批能載多少人，即令多少人到渡口沙灘上，預先指定先上哪一隻船；每船有號碼，規定所載人數，並標明座位次序；不得幾人同時上船，只能一路縱隊上船，以免船隻傾覆。小船因不能承載騾馬，便將其趕入江中，人坐在船尾牽著牲畜過江。

為紅軍撐船的三十六名梢公，有漢族，也有少數民族。他們並不懂政治，卻被紅軍嚴明的紀律和友好平等的態度所打動，打破「夜不渡皎平」

▲ 毛澤東指揮紅軍巧渡金沙江時住的岩洞

的遺俗，夜以繼日，輪番擺渡。

從五月三日到九日，一共七天七夜，全部紅軍安然渡江，沒有丟失一人一馬。

紅軍交替掩護過江後，隨即鑿沉了七條木船。兩天后，國民黨追兵趕到江邊，渡口已空無一人。望著波濤洶湧的江水，國民黨軍司令嘆息：「數十萬大軍日夜兼程，誰知卻是來與共軍送行的！」

渡過金沙江後，前方還有一條大河橫亙，這條河叫大渡河，也是一樣的水流湍急、山高坡陡。

蔣介石布置了數十萬大軍追趕、合圍紅軍，四川當地的軍閥則沿大渡河的渡口嚴密布防。

▲ 美國記者埃德加·斯諾後來在陝北與強渡大渡河紅軍勇士們的合影

五月二十四日，中央紅軍先遣隊紅 1 師 1 團冒著大雨急行軍七十公里，出現在大渡河西岸渡口——安順場。守敵做夢也沒想到紅軍會來得這麼快，只經過二十多分鐘的戰鬥，紅軍就控制了渡口，並繳獲了一條渡船。第二天清早，由十七名勇士組成突擊隊，在連長熊尚林的帶領下，冒著密集的火力，乘一條小船強行渡河，一舉突破了大渡河天險。

強渡雖然成功，但總共只有三條船，如果紅軍全部由這裡渡河，需要花上比過金沙江更長的時間——至少一個多月。而敵人主力正在向大渡河急進，幾天內就能趕到安順場，紅軍必須另找出路。毛澤東決定奪取上游安順場北面約一百六十公里的瀘定橋，主力從瀘定橋過河。

五月二十七日，奪橋的部隊出發。第一天，他們邊打邊走，疲憊不堪，大約走了四十公里。此時，敵情發生了變化，蔣介石派出的援兵正向瀘定橋奔去。軍委限令必須於二十九日前奪取瀘定橋。這也就是說，部隊要在二十四小時內走上幾近於第一天三倍的路程，簡直是幾乎無法完成的任務。

軍令如山！部隊一路跑步前行，戰士們一整天都沒有停下來吃飯，只能邊跑邊吃，嚼點生米、喝點涼水。

傍晚，下起了瓢潑大雨，將紅軍將士澆了個透濕。此時，天黑得伸手不見五指，道路泥濘不堪。晚上十一點多，正當紅軍疲睏不已時，河對岸忽然亮起了一串長長的火龍。原來，這是敵人增援的部隊。

機智的紅軍也點燃火把，利用白天繳獲的國民黨軍番號和聯絡信號，裝扮成國民黨軍，和對岸的敵人周旋。

於是，大渡河兩岸形成了難得一見的奇景：兩支長長的火龍在山間遊走，隔河映照，都朝著同一個目標撲去。兩支隊伍齊頭並進了大約十五公里。十二點的時候，對岸火光熄滅了。紅軍吹號詢問，敵人回答說要宿營休息。

紅軍也熄滅了火把，但是並沒有停下腳步。

他們摸著黑，沿著崎嶇的小路，幾乎是連跑帶爬地繼續前行。終於在第二天清晨，按預定時間趕到了瀘定橋。

在這不可思議的一天中，紅軍將士用雙腳創造了日行一百二十公里的神話，這樣的速度和耐力，幾乎達到了人類體能的極限。

但是，他們還不能休息。戰鬥即將開始。

瀘定橋雖然名為橋，卻不是一座現代意義上的橋樑，而是由十三根鐵鏈連成的，橋面是九根鐵鏈，上面鋪上木板作為橋面，兩邊各二根鐵鏈作為橋欄。每一根鐵鏈足有碗口那麼粗，鐵鏈與鐵鏈之間相距兩英尺多。

敵人雖未來得及毀掉這座鐵索橋，但在紅軍到達前已抽去了橋上鋪的木板，只留下光滑、冰冷的一百多米長的鐵索，在奔騰咆哮的河水上空五

▲ 瀘定鐵索橋

百英尺的地方搖盪。

二十二名勇士站了出來，自願擔任突擊隊員。

所有的軍號都吹響了，所有的重型武器射向對岸，所有的戰士們都在緊張地注視著突擊隊員們的一舉一動。空氣都要凝固了。

迎著槍彈，二十二名勇士攀援著光溜溜的鐵索匍匐向前。一個戰士中彈，掉入了波濤翻滾的激流，接著又一個⋯⋯但其餘人沒有絲毫畏懼，仍在奮力前進。

當突擊隊爬完最後一節搖搖晃晃的鐵索，幾乎就要接近橋頭堡時，敵人在橋頭燃起了大火。

但此時已沒有任何障礙能阻止勇士們的衝擊。

突擊隊員撲進濃煙和烈火中與敵人搏鬥，很快拿下了橋頭堡，牢牢控制了瀘定橋。

至六月二日，紅軍主力全部由瀘定橋渡過了大渡河，甩掉了後邊的追兵，贏得了寶貴的時間和空間。

曾經參觀過瀘定橋戰場的前美國國家安全顧問布熱津斯基感慨道：「不管事實怎樣，渡過瀘定橋對長征而言確實是有著巨大意義的。要是渡河失敗，要是紅軍在炮火下動搖了，或是國民黨炸壞了大橋，那中國後來的歷史可能就要改寫了。」

飛奪瀘定橋的英雄們，得到了當時最高的嘉獎：一套列寧服、一個日記本、一支鋼筆、一個搪瓷碗、一個搪瓷盤、一雙筷子。但更高的獎賞是後人的敬仰與傳頌。「飛奪瀘定橋」的故事在中國至今家喻戶曉，使原來不知名的鐵索橋成為中國最知名的旅遊地之一。

在今天的瀘定橋紀念館，肅穆地豎立著二十二根樸實的方柱子，代表著當年飛奪瀘定橋的二十二位勇士。參觀的人們走過時，總會沉默地仰望它們。

雪山與草地的考驗

渡過大渡河，中央紅軍雖然暫時遠離了戰火硝煙，但他們仍面臨著何去何從的難題。就在這時，毛澤東接到紅四方面軍的電報，於是決定立即北上，與紅四方面軍會合。

此時，橫亙在中央紅軍與紅四方面軍之間的是一座大雪山——夾金山。夾金山主峰海拔四千多米，終年積雪，空氣稀薄，氣候變化無常，時陰時晴，時雨時雪，忽而冰雹驟降，忽而狂風大作，是生命的禁區。當紅軍到達夾金山腳下時，群眾告知這是座「神仙山」，連鳥兒都飛不過去，只有神仙才能登越。

對紅軍來說，過雪山是長征中異常艱苦的一關。大部分官兵都是南方人，在登雪山前，很多人沒有見過雪，沒有任何應對雪山的經驗。

還有一個極為現實的困難，那就是在搶渡金沙江時，天氣悶熱，戰士們都穿著夏裝，後來為了快速向瀘定橋奔襲，又把多餘的衣物全丟掉了。來到雪山前的紅軍官兵，大多穿著單衣單褲，有的還穿著短褲！

翻越一座雪山的壓力，絕不亞於一場堅苦卓絕的戰鬥，這是向生命極限的挑戰。

衣衫單薄的紅軍開始翻越雪山，越走越冷。出發前唯一的驅寒物資是紅辣椒。大家只好把背包中的被子打開，披在身上，嚼著紅辣椒，艱難爬行。

體格健壯的朱德因此得了支氣管炎，留下的後遺症終生沒有治癒。年齡不到三十歲的紅一軍團長林彪，幾次因高山缺氧氣而暈倒，最後被戰士們抬過山。毛澤東夫人賀子珍後來說，她是拉著馬尾巴上去的。

說不清那些普通的戰士是怎樣翻過夾金山的。從倖存者的回憶中，人們知道，很多人一腳踏空掉下萬丈雪崖，不少傷病體弱的人消失在瀰漫的風雪中。死亡最多的，是擔架員和炊事員。擔架員不願意丟下那些在戰鬥中負傷的戰友，直到精疲力盡，跌倒在雪地上。炊事員背著大鍋和儘可能多的食物，好容易爬到雪山頂上，想坐下歇口氣，卻再也沒有站起來。

▲ 紅軍走過的人稱「神祕死亡地帶」的草地

越過夾金山，中央紅軍與紅四方面軍勝利會師。兩軍會師後，中央紅軍繼續北上，這次他們的選擇再次出乎敵人意料——穿越「魔草地」。

綿延數百里的松潘沼澤地，是茫茫無際的一片野草之地。草叢上面籠罩著陰森迷濛的濃霧，不辨東南西北。這片草地海拔三千五百米以上，南北長約二百公里，東西最寬約一百公里。夏日的草地，鮮花盛開，美不勝收，但那是潛伏著死亡的美麗。草叢裡河溝交錯，積水氾濫，水呈黑色散發出腐臭的氣味。天與水都是黑的。在遼闊無邊的草地上，簡直找不到人們想像中的路。紅軍的指戰員只能走在由一片一草莖和腐草結成的「泥潭」上。踩在上面，軟綿綿的、忽閃閃的，用力過猛就會陷下去，拔不出腿。人一旦陷入泥潭，就是滅頂之災。周圍的人想救也無法救，只有眼睜睜地看著他一邊掙扎，一邊慢慢地越陷越深。泥潭把人吞沒之後，又若無其事地恢復了原來的樣子，等待著第二個上當者。

如果說爬雪山是挑戰生命極限，那主要是挑戰高海拔缺氧、嚴寒和峭壁；而過草地，則是挑戰飢餓和淤泥吞噬。這裡雖然沒有彈雨硝煙，但雨霧泥濘比槍林彈雨還可怕。半個世紀後，索爾茲伯裡在現代化的保障條件下，再次路過此處，仍然心有餘悸：「小路穿過莽莽雪原，伸向可怕的草地。那裡與帕斯欽達耳一樣，有多少人滑入了無底的泥沼，並把伸手拉他的人也拖了下去，一道去見閻王。」

更難為人的是食物。雖然事先盡量準備了乾糧，但是進入草地沒幾天，所帶的糧食都吃光了！野韭菜、野芹菜、草根、樹皮等，成了充飢的食物。每熬過一個飢寒交迫的夜晚，離開宿營地繼續前進的時候，有的戰士就長眠在這塊「魔草地」上。身體消耗已經到了最大限度，不可能空腹前行，飢腸轆轆的紅軍開始打量起自己身上唯一可吃的東西。有一個班的

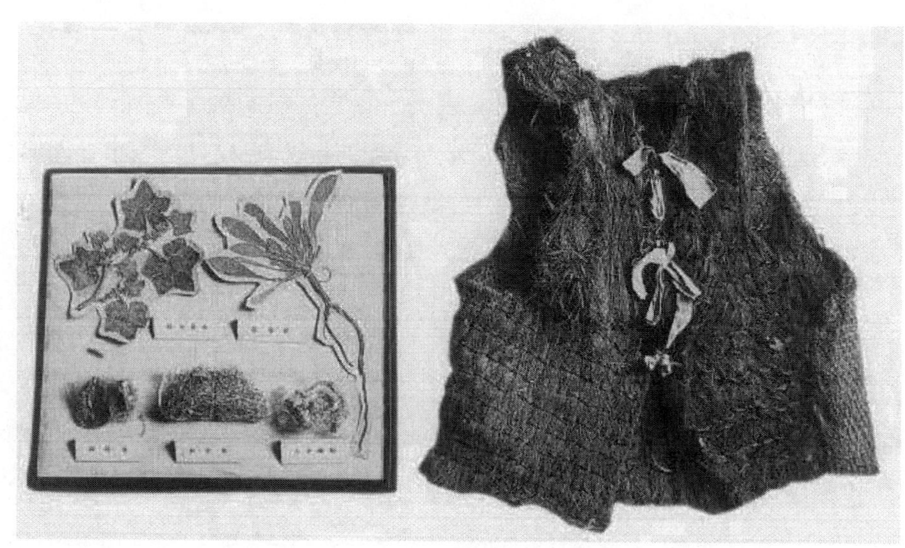

▲ 紅軍長征中吃過的部分野菜標本和禦寒用的棕背心

七位戰士，在吃完了釘在鞋底上的牛皮後，又吃身上的皮帶，七根皮帶吃掉了六根，當吃到第七根皮帶的第一個扣眼時，他們得知即將走出草地，為了紀念這段難忘的歲月，大家一致同意忍饑挨餓把這半根皮帶保存下來。現在，這根殘缺的皮帶珍藏在中國的國家博物館裡。

毛澤東後來說：「我們長征路上過草地，根本沒有房子，就那麼睡，……我們的部隊，沒有糧食，就吃樹皮、樹葉。」

周恩來過草地前患上了嚴重的肝膿腫，連續發高燒，五六天沒吃東西，連走路的力氣都沒有了。

彭德懷馬上安排人組織擔架隊，要抬著周恩來過草地。可是，抬擔架的人比坐擔架的人也好不到哪兒去，人人都已經到了生理極限。兵站部部長楊立三聽說人手不夠，一定要親自給周恩來抬擔架。幾天下來，雙肩都磨破了。周恩來見此情景不忍心，幾次掙紮著要爬起來自己走，都被楊立三攔住。就這樣，擔架隊硬是把周恩來抬出了草地。

一九五四年楊立三去世，時任國務院總理的周恩來親自為他抬棺送葬。中國俗語說，大恩不言謝。生死之交，是撼不動的情意相連。

英雄的紅軍，整整走了七天七夜，付出難以計數的生命代價，終於走出了「死亡地帶」。一位女紅軍（張聞天夫人劉英）在回憶錄中這樣記述，紅軍過草地犧牲最大，這七個晝夜是長征中最艱難的日子，走出草地後，「我覺得是從死亡的世界回到了人間。」

最後的落腳點

一九三五年九月，紅軍翻過雪山草地後，面前又橫阻著一道難關——天險臘子口。「臘子」是藏語，意為高山谷口。這裡平均海拔三千米，東西兩面的懸崖高五百米，懸崖峭壁似被一把巨斧劈開，周圍崇山峻嶺無路可通，只有一條南北走向的峽道。在峭壁之間的溝底，有一條小河，水雖不太深，卻難以徒涉。在臘子前沿，兩山之間橫架一座東西向的小木橋，把兩邊絕壁連接起來。要想經過臘子口，除了這座小橋外，別無他路。

毛澤東清楚地知道，臘子口再險，紅軍也要攻下來，否則就得重新回頭過草地。他果斷命令，「兩天之內拿下臘子口」。十七日下午，紅軍對臘子口發動猛攻。因地形不利，加上敵軍據險固守，從下午到黃昏，連續衝鋒十幾次都沒有成功。看來，從正面無法突破，能否組織突擊隊從側面的石壁迂迴上去呢？

一個外號叫「雲貴川」的苗族小戰士毛遂自薦，他很有把握說：「我在家採藥打柴，經常爬大山、攀陡壁，眼下這懸崖絕壁，只要用一根長竿子，竿頭綁上結實的鉤子，它鉤住懸崖上的樹根、崖縫、石嘴，一段一段地往上爬，就能爬到山頂上去。」

所有的希望都寄託在這名小戰士身上。

黃昏時，突擊隊悄悄向臘子口側面的絕壁移動。「雲貴川」赤著雙腳，腰間纏滿了戰士們用綁腿帶擰成的長繩，手握長竿，來到絕壁下。只見他仰頭朝上看了看，把長竿向上一伸，鐵鉤便緊緊地鉤住樹根，隨即，矮小的身子就靈巧地攀了上去，輕盈得像猿猴一樣。越往上，「雲貴川」

的身影就越小了。不一會兒，一條長長的繩子劃著美麗的弧線從天而降，「雲貴川」成功了！

鉚足了勁的突擊隊員順著繩索一個一地攀上去了。敵人做夢也想不到，紅軍會從似刀劈的懸崖邊爬上來，根本就沒設防。

紅軍神兵天降，一舉解決戰鬥，臘子口被攻克了。然而，那個立下特殊功勛的紅軍小戰士，卻獻出了寶貴的生命。犧牲時只有十六七歲，連真實姓名都沒有留下，只知道是一個貴州籍苗族的紅軍戰士。

十八日，突破天險臘子口的紅軍進入了甘肅哈達鋪。這是三個月來紅軍進入的第一個大鎮子。至此，中央紅軍已經走了十一個月零三天。

下一步，紅軍究竟該到哪裡去落腳呢？

部隊休整時，偵察連按毛澤東的要求，負責找些「精神食糧」，也就是近期國民黨的報紙。這是毛澤東的習慣，無論到哪裡，先要找些書報來讀。

哈達鋪這個小鎮比較繁華，鎮上有郵局。很快，偵察連一部分人控制了郵局，蒐集了七八張報紙，有天津《大公報》，還有《山西日報》等，雖然這些報紙多是八月初印行的，但在這偏僻的小鎮來說，卻還都是新消息。

毛澤東翻著報紙，忽然發現報上有一些報導說，在陝西省北部的延安、保安、安塞等地，有國民黨軍隊「剿共打勝仗」。毛澤東馬上判斷：這說明那裡有紅軍。

九月二十七日，紅軍統帥部正式決定進軍陝北。

十月十九日，中央紅軍主力突破國民黨軍隊重圍，勝利到達陝北吳起鎮。

▲ 長征到達陝甘蘇區的毛澤東、朱德、周恩來、秦邦憲

至此，中央紅軍歷時一年的長征完成，部隊長驅二萬五千里，縱橫江西、福建、廣東、湖南、貴州、廣西、雲南、四川、西康、甘肅、陝西十一個省，平均每天行軍七〇里。除中央紅軍外，還有紅二方面軍、紅四方面軍、紅二十五軍等數支紅軍部隊也都完成了各自的遠征。一九三六年十月，紅軍三大主力部隊在甘肅省的會寧勝利會師，宣告了長征的結束。

這次驚心動魄的遠征，歷時之長，規模之大，行程之遠，沿途自然環境之惡劣，敵我力量之懸殊，在人類戰爭史上都是絕無僅有的。正如毛澤東所言：「歷史上曾經有過我們這樣的長征嗎？十二個月光陰中間，天上

▲ 會寧大會師中的紅軍

每日幾十架飛機偵察轟炸，地上幾十萬大軍圍追堵截，路上遇著了說不盡的艱難險阻，我們卻開動了每人的兩隻腳，長驅兩萬餘里，縱橫十一個省。請問歷史上曾有過我們這樣的長征嗎？沒有，從來沒有的。」

各路紅軍長征總行程六點五萬餘里，長征出發前共有將近二十萬兵力，到達陝北時只剩下五、六萬人。長征途中先後進行了六百餘次重要的戰役戰鬥，平均三天就發生一場激烈的大戰。犧牲營以上幹部約四百三十人，其中師職幹部有八十多人。長征中，紅軍平均每天行軍三十七公里。在中央紅軍三百六十八天的行軍途中，平均每天都有一次遭遇戰，二百三十五天用在白天行軍上，十八天用於夜行軍，休息只有四十四天。紅軍先後跨越了近百條江河，征服了約四十座名山險峰，其中包括二十餘座海拔四千米以上的皚皚雪山。一九五五年中國人民解放軍首次授銜時，在中將以上的二百五十四名將帥中，有二百二十二人參加過長征。

紅軍長征震撼了中國，也震撼了世界。英國學者迪克・威爾遜說：「我想它將成為人類堅定無畏的豐碑，永遠流傳於世。閱讀長征的故事將使人們再次認識到，人類的精神一旦喚起，其威力是無窮無盡的。」美國著名記者、作家史沫特萊在《偉大的道路》中讚歎：「長征是軍事史上獨一無二的事件。與長征比較起來，漢尼拔跨越阿爾卑斯山在『歷史的小劇院』中失掉了光彩，拿破崙自莫斯科的撤退是災難性的失敗，而長征則是最後勝利的前奏曲。」

而親自體驗過長征的索爾茲伯裡更有特殊的感慨，他說：「也許，在長征途中發生的一切有點像猶太人出埃及，漢尼拔翻越阿爾卑斯山，或拿破崙進軍莫斯科，而且我驚奇地發現，還有些像美國人征服西部：大隊人馬翻越大山，跨過草原。但任何比擬都是不恰當的。長征是舉世無雙的。它所表現的英雄主義精神激勵著一個有十一億人口的民族，使中國朝著一個無人能夠預言的未來前進。」

長征，已經超越了戰爭的意義，而像長城一樣，成為了中國人精神的一種象徵。

第二章

游擊戰：智慧與勇氣的交響

在「二戰」結束四分之一個世紀後的一九七一年，一名叫塚本政登士的日本軍人出版了回憶錄《自衛隊在前進》，描述了自己在中國戰場上的見聞和感受。一九四〇年六月到一九四五年二月，塚本政登士在華北方面軍第4科任參謀，多次與八路軍游擊隊作戰。

塚本政登士承認，對於「裝備上有問題，幾乎沒有火炮」的八路軍，日軍對共軍發動了千次大大小小的討伐作戰，幾乎都未能給敵人以重大打擊。

「有時，中國人送葬隊伍在日軍的碉堡前面通過，正當日軍守備士兵以好奇的眼光看得入迷的時候，送葬的中國人從孝服裡拿出步槍，從棺材裡取出機槍，一起向堡壘開火。」「共軍的靈活機動和利用夜間行動，幾乎可以說是神出鬼沒。在謀略方面，共軍同樣有創造性的發展，使我們不得不甘拜下風的事例很多。」

雖然和八路軍如此「親密接觸」，塚本政登士仍表示，自己未能看透這種戰略的巨大威力的實質。

其實，塚本政登士的描述已經道出了八路軍的祕密，這就是游擊戰。

游擊戰是一種分散游動的非正規作戰形式。在人類戰爭史上，它通常是戰爭行動的輔助手段。然而，八年抗戰中，毛澤東這位舉世公認的游擊戰大師，卻導演了一幕波瀾壯闊的游擊戰爭。美國前國防部助理部長菲利普・戴維遜在《陸軍》雜誌上撰文說：「圖書館裡的書架都被那些稱頌毛澤東為卓越的游擊戰權威的書本壓彎了。但是，毛何止是一位游擊戰士！他是一位偉大的戰略家。」

共赴國難

中國一九三七年的扉頁是由一場突出其來的兵變揭開的。

一九三六年十二月十二日凌晨，西安華清池的一棟寓所附近響起了激戰的槍聲。幾個小時過去了，幾名士兵從寓所後山上押下一個冷得簌簌發抖的中年人。他穿著一條白色睡褲，光著襪底，身上沾滿了塵土，一副迷惑的眼神打量著押解他的士兵，急切地想知道剛剛發生的一切，此人就是蔣介石，他此行西安的目的本是坐鎮督戰的。

▲ 紅軍改編為八路軍後，舉行抗日誓師大會。

「我們決不對您開槍！」年輕的軍官神態自若地說道。「我們只要求您領導我們的國家抗擊日本。到那時我們將第一個為我們的委員長而歡呼。」隨同的士兵一致喊出了他們同意的呼聲。蔣介石這才明白，槍聲不是來自於紅軍，而是來自於他的手下，氣憤之餘稍許鎮定了些。

長征後，中共中央把以延安為中心的陝北作為革命大本營。地處西北高原的延安，在中國地圖上是一個很不起眼的角落，這裡荒涼貧瘠，物資匱乏，部隊生存困難。蔣介石認為紅軍完全有可能被困死在這兒，於是他成立了「西北剿總司令部」，親自坐鎮西安策動對紅軍的進攻，但他的部下張學良、楊虎城兩將軍並不願在戰場上與紅軍兵戎相見。六年來，日軍一而再、再而三地製造事端，一次次發動侵略，中日矛盾不斷上升。面對國土淪喪、民族屈辱，滿身軍人血氣的他們，毅然「兵諫」扣押蔣介石，要求蔣介石和國民黨政府停止內戰，一致對外。

十二月十六日，中共中央代表飛抵西安。蔣介石是中共多年的仇敵，讓人意外的是，周恩來卻力勸張學良、楊虎城有條件地釋放蔣介石。國難當頭，中共中央從民族大義出發，不希望再陷入內戰漩渦。「西安事變」的和平解決，迫使蔣介石放棄了堅持長達五年之久的「攘外必先安內」政策，停止「剿共」，實現國共兩黨的第二次合作。

不久之後，中國的民族危機猝然來臨了。

一九三七年七月七日，日軍藉口一名士兵失蹤，在北平製造了盧溝橋事變，悍然向中國軍隊發動進攻，抗日戰爭全面爆發！在民族的共同敵人面前，兩個不同政見的政黨再次攜手，由內戰對手變成抗戰夥伴，共同抗擊侵略。

在陝北，剛剛結束長征幾個月的紅軍，在黃河岸邊，吹響了東征抗日的集合號，隨時準備開赴前線。但是，周恩來等在南京的談判並不順利，五次談判，國民黨在紅軍改編問題上仍處處作難。直到八月十三日，日軍大舉進攻上海，直接威脅到國民黨的心臟地區南京，蔣介石這才同意紅軍改編。

八月二十二日，國民政府發布命令，宣布將紅軍主力改編為國民革命軍第八路軍（簡稱八路軍），朱德任總指揮，彭德懷任副總指揮，下轄三

▲ 一九三七年秋，八路軍部隊日夜兼程向華北抗日前線挺進。

▲ 八路軍一九三七年九月以後改稱第18集團軍。圖為總司令朱德、副總司令彭德懷在抗日前線。

個師和一個總部直屬隊，共四點六萬人。十月十二日，國民政府宣布將中共領導的南方八省紅軍和游擊隊改編為國民革命軍陸軍新編第四軍（簡稱新四軍），北伐名將葉挺任軍長，下轄四個支隊，共一點零三萬人。

很快，一枚枚國民黨帽徽擺在紅軍指戰員面前，它們將在一天之內全部戴在紅軍戰士頭上。面對這「熟悉」的帽徽，每位紅軍戰士不禁想起與國民黨浴血抗爭的日日夜夜，不禁回想長征途中國民黨軍圍追堵截、狂轟濫炸的一幕一幕。他們想不通，有人拒不換裝，有人甚至扔掉帽徽。在他們看來，紅軍改編就相當於向國民黨投降。針對這一狀況，朱德、劉伯承、賀龍等高級將領帶頭向指戰員做說服工作。

誓師大會上，朱德動情地說：「紅軍改編，同志們思想不通，這個心情我們可以理解，但是毛主席說了，紅軍改編，統一番號是可以的，但是有一條絕對不能變，就是中國紅軍必須絕對處於中國共產黨的領導之下！」台下一萬多名官兵鴉雀聲。接著賀龍語重心長地對大家說：「我賀龍也不願意紅軍改名嘍！但是不改可不行啊。為了全民族的利益，實現國共合作，團結抗日，使中國人民不當亡國奴，紅軍就得改名！紅軍不改名，蔣介石就不肯抗日。今天，國難當頭，為了共同對付日本帝國主義，我願意帶頭穿上灰軍服，戴上白帽徽。別看我們外表是白的，可心是紅的，永遠是紅的！」

中國紅軍十年的歷史結束了。紅軍的名稱雖然取消了，但八路軍、新四軍仍然是中國共產黨領導下的人民軍隊，保持了紅軍的光榮傳統和人民軍隊的本色。為了祖國獨立和民族解放，廣大紅軍指戰員脫下八角帽，換上國民革命軍軍服，準備奔赴抗日戰場。

使出拿手好戲

部隊即將開赴前線，一個新的問題擺在了中共中央面前：改編後的紅軍在抗日前線應當怎樣作戰？面對強敵，只有四萬多人的八路軍採取何種作戰樣式，才能在戰場上大顯身手？這是延安統帥部不得不面對的難題。

早在一九三五年，毛澤東就提出：「游擊戰爭對於戰勝日本帝國主義及漢奸賣國賊的任務，有很大的戰略上的作用。」一九三七年八月一日，毛澤東在致周恩來等人的電報中指出：「在整個戰略方針下執行獨立自主的分散作戰的游擊戰爭，而不是陣地戰，也不是集中作戰。因此不能在戰役戰術上受束縛，只有如此才能發揮紅軍特長，給日寇以相當打擊。」八月下旬，中共中央在洛川召開會議，討論當前面對的重大問題。這次會議爭議很大，一些人提出紅軍時代的游擊戰過時了，主張以運動戰為主，配合國民黨軍隊多打大仗，擴大影響；兵力不能分散，要比較集中；在出兵問題上，要早出兵，而且全部開出去。毛澤東堅決反對這些意見。他指出：「全國抗戰的戰略總方針是持久戰，而不是速決戰。紅軍的戰略方針是獨立自主的山地游擊戰。」

為說服前方將領，洛川會議後，毛澤東接連致電前方將領，反覆強調必須堅持獨立自主的山地游擊戰，不能採取運動戰。如同在驚濤駭浪中行駛的航船一樣，當船長撥開重重迷霧指明正確的航向時，並非所有船員都能夠理解。

就在這時，在山西省東北部，平型關戰役打響了。平型關是內長城的一個關口，一九三七年九月二十四日，八路軍 115 師乘夜祕密開赴這裡設

▲ 平型關戰鬥後凱旋的八路軍指戰員

伏。次日拂曉，日軍進入八路軍的「口袋」，步兵、騎兵、汽車、馬車湧進狹長的山溝之中。早上七時許，八路軍 115 師以排山倒海之勢，向擁擠在山溝裡的日軍發起猛烈攻擊。敵六架飛機趕來增援。但因雙方短兵相接，距離太近而無法發揮作用。經八個小時激戰，八路軍殲滅日軍一千餘人，擊毀汽車一百多輛，並繳獲大量武器和軍用品，取得了抗戰以來中國軍隊第一個大勝利。消息傳出，舉國振奮，最高統帥蔣介石致電嘉獎。

平型關大捷打破了「日軍不可戰勝」的神話。然而，由於初次和日軍作戰，缺乏經驗，加之日軍負隅頑抗、裝備優良，致使在軍事上打成了得

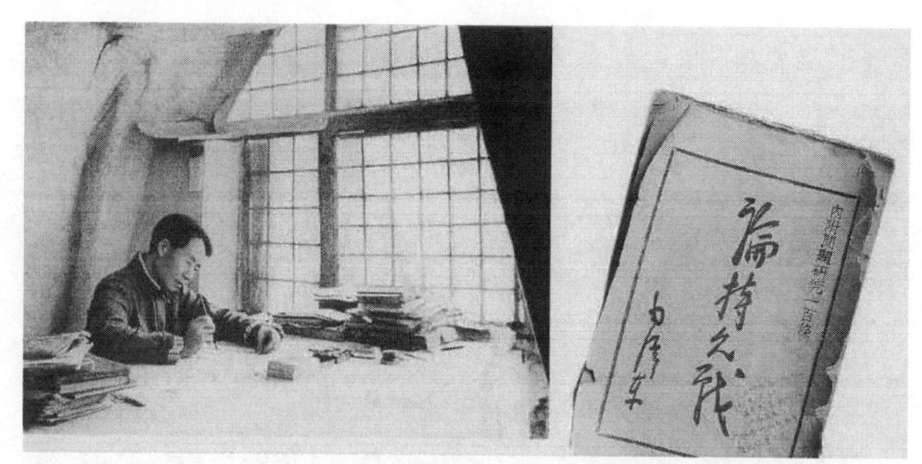

▲ 一九三八年五月，毛澤東發表《論持久戰》。此書成為指導中國抗戰的綱領性文獻。

失相當的消耗戰。八路軍雖然殲敵千餘並有大量的繳獲品，但也付出重大代價，傷亡指戰員達八百多人。在撤出戰鬥的路上，115 師師長林彪自言自語地說：「以後這仗該怎麼打？」

此役結束後，毛澤東一面讚揚前方將士英勇作戰，一面反覆提醒要堅持執行獨立自主的游擊戰術。他指出：弱小的「紅軍在決戰問題上不起任何決定作用，而有一種自己的拿手好戲，在這種拿手戲中一定能起決定作用，這就是真正獨立自主的山地游擊戰（不是運動戰）」。

八路軍高級將領心中的疙瘩逐漸解開，對抗日游擊戰有了真正的理解。八路軍各部按照毛澤東的指示，深入敵後，迅速在山西境內建立根據地。在山區站穩腳跟後，毛澤東又把目光投向了更廣闊的華北平原。因為只有走出山區，走向平原，才能真正成為抗戰的中流砥柱。至一九三八年十月，八路軍在華北大平原完成了戰略展開，將以山西為主的山地游擊戰發展為整個華北的敵後游擊戰爭。

發報機成為坐鎮延安的毛澤東指揮游擊戰的得力武器。據粗略統計，從一九三七年八月到一九三八年十月間，在毛澤東發給前線的電報中，百分之八十與游擊戰有關。毛澤東對游擊戰的強調，幾乎到了不厭其煩的程度。

游擊戰爭遍地開花

衡山是一處風景優美的旅遊勝地，位於中國湖南省的南部，現在每天都有大量的遊客來這裡觀光遊覽。但是一九三八年的衡山卻十分幽靜，除了寺廟中的僧侶和偶爾進香的香客外，幾乎沒有外人。這一年冬天，衡山上卻湧來了不少軍人。此時，中國正籠罩在戰火中。他們的聚集顯得十分神祕。

就在此前不久，蔣介石接受朱德和周恩來的建議，在湖南衡山開辦軍官訓練班，專門學習游擊戰。被請來講授游擊戰術的，既不是歐美的軍事顧問，也不是國民黨的將軍，而是八路軍的參謀長葉劍英。這是為什麼呢？

▲ 敵後根據地軍民開展的地道戰

原因很簡單，那就是八路軍的游擊戰取得了驚人的成績。在廣闊的敵後戰場，八路軍和各地的游擊隊發明了了形式多樣的作戰方法，五花八門的游擊戰令日軍防不勝防，傷透了腦筋。

地道戰

在寬闊平坦的中國北方平原上，有一個叫冉莊的村子。

在這裡，能看到很奇特的建

築奇觀，不過它們都隱藏在地下，是七十多年前誕生的傑作。

當年日軍的暴行讓普通平民深受其害。截至一九三九年，日寇在華北地區就製造了十人以上的慘案一百多起，一萬多人受害。

為避免傷害，冉莊的老百姓開始在村外挖地洞藏身，但是不久被日軍發現。於是人們就轉到村中挖藏身洞。

最早的地道只是兩三米深，僅有一個洞口，但這種地洞很容易被發現和損壞。冉莊百姓總結經驗，把單口洞改成了雙口洞，萬一敵人發現一個洞口，人員可以從另一個洞口轉移出去。

後來群眾又把原先的「雙口洞」繼續加寬加長，左鄰右舍的地洞互相挖通，一家連一家、一戶連一戶，最終形成了村村相連、家家相通、能攻能守的地道網。地道出入口設計巧妙，有的修在屋內牆壁上，有的修在靠牆根的地面，還有的建在牲口槽、炕面、灶台、井口、麵櫃、織布機底下等處，偽裝得與原建築一模一樣，敵人很難發現。

有了地道，一望無際、無險可守的冀中平原上就形成了一道道縱橫交錯、可攻可守的「地下長城」。無論敵人走到哪裡，頭頂、胸前、背後、腳下，隨時都會有子彈射來，令敵人膽顫心驚。日軍將領連連驚呼：「冀中出現了奇幻戰爭！」

地道戰在華北平原迅速推廣。至一九四四年冬，冀中地道總長度達到一萬二千五百公里，幾乎比萬里長城還要多一倍。

軍民依託地道，人自為戰，村自為戰，有效地打擊敵人。

一九四五年四月一日，冉莊的二十多個民兵，利用這些地道，擊退了六百多進犯的日偽軍。同年五月，日軍又先後糾集二千餘人兩次進犯冉莊實施報復，冉莊民兵再次利用交叉火力網同敵人激戰，斃敵十五人。

三戰三捷，充分顯示了地道戰的威力。

地雷戰

地雷戰是一種群眾性的游擊戰法，始於山東地區。當時，一位民兵無意間將兩枚手榴彈埋入地下，炸傷了兩個日本兵。群眾欣喜之餘，紛紛倣傚，利用瓷瓶、瓦罐等工具裝上炸藥，埋在田邊地頭、井台路面，打擊前來「掃蕩」的敵人。從此，地雷戰大顯神威。

山東省海陽縣的地雷戰最有名。群眾就地取材，自製各種地雷，在公路、鐵路、村口、家門口到處布下地雷陣，讓敵人寸步難行。民兵創造出石雷的多種用法，從拉雷、絆雷開始，最後逐步發展到子母連環雷、前踏

▲ 民兵隊員埋地雷

後響雷、水雷、膠皮雷等四十餘種。為防止敵人排雷，民兵想盡了辦法。如他們研究的「子母連環雷」，敵人若起出母雷，子雷跟著爆炸；敵人抓老百姓在前面踏雷，他們就研究出「拉雷」，把群眾讓過去，專炸日軍的大隊人馬。地雷的埋設也有很多花樣：門上設門雷，鍋裡設鍋灶雷，雞窩裡設雞窩雷，甚至桌子的抽屜裡也布下地雷。敵人進村後，推門門炸，捉雞雞窩炸，翻箱倒櫃也有被炸的危險。軍民還把地雷埋到敵人的據點裡，送到敵人的操場上、飯堂裡，搞得敵人惶惶不可終日。

地雷戰給日偽軍造成巨大的傷亡和心理震撼。在繳獲的日軍獨立第 3 旅團第 6 大隊代理大隊長菊池重雄的日記中有這樣的記載：「地雷戰使我將官精神上受到威脅，使士兵成為殘廢。尤其是搬運傷員，如果有五人受傷，那麼就有六十個士兵失去戰鬥力。」

伏擊戰

伏擊戰俗稱「口袋陣」，就是把部隊埋伏成口袋狀，等敵人鑽進來再打。這是八路軍對付日軍的最常用手段。

一九三七年十月二十六日拂曉，一支日軍輜重部隊路經山西省一個叫七亙村的地方，突然遭到八路軍 129 師的猛烈襲擊。此戰共殲滅日軍三百餘人，繳獲騾馬三百餘匹和一批軍用物資。兩天后，129 師師長劉伯承得到情報：正太路西段的日軍正向東運動。據此，他判斷七亙村仍然會是日軍進軍的必由之路，因為舍此別無通道。按照常理，在一個地方打了一場伏擊仗，就不可能第二次在這裡埋伏。而且日軍在屢勝之後驕橫得很，通常有一股牛勁，毫不理會一些小的損失。劉伯承就利用了敵人這個心理，再次設伏。結果，日軍一敗再敗，狼狽潰逃。三天之內在同一地點兩次設伏，大獲全勝，這在戰爭史上也是不多見的。七亙村重疊伏擊，成為八路軍學習伏擊戰的生動教材。

這樣的案例在抗戰期間數不勝數。

一九三九年十一月，八路軍在雁宿崖全殲五百名日軍。駐紮在淶源的日軍中將阿部規秀聞訊後大為震怒。阿部規秀號稱山地戰專家，在日本軍界享有「名將之花」盛譽。他當即率領一千五百餘人反撲。

八路軍早就料到敵人會來報復，已經部署了新的伏擊戰。他們迅速轉移到黃土嶺，集結了六千多人的軍隊，在一個二公里長的山溝裡設下埋伏，還集中了上百挺機槍和當時僅有的幾門迫擊炮。報復心切的阿部規秀追到黃土嶺，擺成長蛇陣，鑽進了八路軍的口袋。頓時，槍聲、軍號聲、喊殺聲震撼山谷。激戰中，八路軍偵察兵發現了敵人的指揮所，隨即命令砲兵進行炮擊。隨著四發迫擊砲彈的呼嘯聲，亂軍指揮所裡亂成一團。炮

▲ 設伏青紗帳

聲響處，剛剛升任中將四十多天的阿部規秀應聲倒下。

阿部規秀是八路軍擊斃的最高級別的日本將領之一。他聲稱找到了游擊戰的破解之策，但還沒來得及實施，就魂斷黃土嶺。

大約十幾天後，延安才從日本廣播中得知阿部規秀在戰鬥中被擊斃的消息。蔣介石聞知此事也異常高興，親自給八路軍總部發了賀電。阿部規秀之死引起日軍一片悲鳴。日本《朝日新聞》哀稱：「『名將之花』凋謝在太行山上」，「自從皇軍成立以來，中將級軍官的犧牲，是沒有這樣例子的」。

麻雀戰

麻雀戰是指到處散布許多小組武裝，靈活而快速地對付敵人的戰法。抗戰期間，抗日軍民通常編成若幹個戰鬥小組，出沒於山野密林、峽谷隘口、地道暗洞、街頭巷尾，如同麻雀啄食，避實擊虛，逐步消耗敵人的有生力量。敵人反擊時，就立即撤離，隱蔽得無影無蹤。後來，這種戰法被總結為「麻雀戰」。

在反「掃蕩」中，廣大軍民運用「麻雀戰」，打得日軍惶惶不可終日，創造了許多輝煌的戰例。一次，敵人以十倍於我的兵力發動進攻。千餘名民兵在敵人進攻的十五公里戰線上布下「麻雀戰」戰場。民兵們攜帶土槍土炮、火藥鐵砂，占領了道路兩側的有利地形。敵人還未立穩腳跟，民兵們便鳴鑼擊鼓、吹響號角，滿山遍野殺聲四起。敵人在低處，機槍打不到民兵；民兵則三人一組、五人一群，飄忽不定、時聚時散地打擊敵人。就這樣，來「掃蕩」之敵走了十五公里，挨打了十五公里，損兵折將數百人。劉伯承風趣地說：「不要小看這個『麻雀戰』，有時一隻『麻雀』

▲ 開展三五成群、忽東忽西、忽隱忽現的麻雀戰

會鬧得敵人團團轉呢。」

前日軍第 1 軍參謀朝枝在回憶錄裡這樣寫道：「共產地區的居民，一齊動手支援八路軍，連婦女、兒童也用竹簍幫助運送手榴彈。我方有的部隊，往往冷不防被手執大刀的敵人包圍而陷入苦戰。」日軍如同一頭蠻牛，陷入了游擊戰爭的火陣之中，最終無法逃脫被烈火吞噬的命運。

新四軍威震江南

一九三七年十一月初，延安迎來了剛剛就任新四軍軍長的葉挺，延安的抗戰熱情激勵著這位從歐洲遊歷歸來的將軍。喜歡攝影的葉挺不僅帶走了寶塔山和延河的風光，也把毛澤東的抗戰思想帶到了河湖密布的江南水鄉。

有人曾經懷疑游擊戰在江河、湖汊和平原上能不能打得開。這些懷疑是有道理的。因為同八路軍相比，新四軍不僅人數少，而且其活動區域大多是平原、丘陵地帶和河湖港汊，部隊又是由原來分散在十多處的人數不多的游擊隊經過集中和改編而組成的。

但事實卻正好相反，留在南方八省的紅軍一直堅持游擊戰，指揮員對游擊戰的運用早就駕輕就熟。投身抗戰後，他們逐漸成為一支威震敵膽的抗日勁旅。

一九三八年六月十七日早上，一隊由六輛汽車組成的日軍車隊耀武揚威地行駛在江蘇鎮江至句容的公路上。八時三十分，當日軍車隊行進至韋崗時，突然一聲清脆的槍聲打破了初夏江南早晨的寂靜。緊接著，埋伏在公路兩側的步槍、機槍噴射出復仇的烈火，暴雨般的子彈、手榴彈傾洩在侵略者的頭上。半小時後，三十多名日軍被全殲。

附近的農民聽說自己的軍隊把日軍打得落花流水，紛紛前來慰問。他們看到，戰士們的臂章上鐫刻著「N4A」的字樣。這是一支什麼軍隊？一個小戰士驕傲地告訴老鄉們：「我們是共產黨領導的新四軍！」這是新四軍深入蘇南敵後與日軍的初次作戰，雖然規模不大，但給飽受日軍蹂躪的江南淪陷區人民以巨大的精神鼓舞。

十多天后，七月一日，新四軍第 1 支隊司令員陳毅又親自部署了襲擊京滬鐵路上新豐車站的戰鬥，將駐守在車站的八十多名日軍全殲。

八月十三日，陳毅再次指揮部隊夜襲句容縣城，一舉摧毀了縣政府。這是新四軍挺進江南後第一次攻下一個縣城。

至一九三八年十月，新四軍勝利完成了向華中敵後戰場挺進的任務。各支隊經半年多的英勇奮戰，取得了一百餘次戰鬥的勝利。新四軍威名遠揚，用戰績證明了自己的實力和游擊戰的效用。

新四軍演繹的故事幾乎個個都是傳奇，有些情節充滿了戲劇性。

一九三九年秋，新四軍一部向上海挺進。途中與日軍不期而遇，在給敵人重大殺傷後，向上海近郊猛追。他們一口氣追了六十多里路。這時已

▲ 戰鬥在大江南北的新四軍

近半夜，只有幾幢孤零零的洋房子還亮著燈。嚮導說，這是日軍的虹橋機場。營長立即決定：襲擊機場。在敵人心臟地帶打機場，可真得有膽量才行。部隊趁著暗夜，順利地摸入了虹橋機場，卻沒有搜索到什麼重武器，一轉眼發現了停機坪上的四架飛機。守衛機場的日本兵被驚動了，他們摸黑打起槍來。新四軍一面阻擊敵人，一面向敵機靠近。戰士們冒著彈雨衝向機群，幾名偵察員把汽油桶倒在飛機旁，然後點上一支支火把投過去，四架飛機著火了，頓時濃煙滾滾，火光衝天。上海是當時全中國的政治經濟和文化中心，新四軍火燒虹橋機場的消息，很快就通過各種媒體傳到四面八方，也傳到了海外的愛國僑胞之中……

一九三九年至一九四〇年間，新四軍在東到上海近郊、西到武漢、北到徐州的廣大地區，陸續建立了許多塊抗日根據地，主力部隊發展到近九萬人。

蔣介石對新四軍的優異表現一度表示讚許，但不久他便感到擔憂，他不願意看到共產黨領導下的軍隊獲得更多的發展。在新四軍活動的區域，國民黨軍製造的摩擦越來越多。

一九四一年一月，當新四軍九千餘人按蔣介石指定的路線轉移時，突然遭到國民黨軍包圍。經過七晝夜血戰，新四軍將士二千餘人突圍，少數人員就地堅持打游擊，其餘六千餘人大部壯烈犧牲，軍長葉挺被扣，這就是震驚中外的「皖南事變」。隨後，蔣介石宣布新四軍為「叛軍」，下令取消新四軍番號。斯特朗、斯諾等記者在美國報紙上發表評論報導，向世界披露「皖南事變」的真相。蘇、美、英等國也反對蔣介石的這種做法。中共中央堅持有理、有利、有節的原則，在江蘇鹽城重建新四軍，任命陳毅為新四軍代理軍長，劉少奇為政治委員，繼續在大江南北堅持抗戰。

「皖南事變」後，日軍趁火打劫，對新四軍根據地進行「掃蕩」，並在一九四三年發展到極點。

這一年春天，日軍對江蘇北部的淮海抗日根據地發動大規模「掃蕩」。三月十七日，日偽軍一千餘人分兵十一路對淮海區黨政領導機關進行合圍。新四軍某部4連奉命阻擊。雙方在江蘇一個叫老張集的地帶展開激戰。黃昏後，4連突圍至劉老莊。十八日晨，日偽軍再次進行合圍，4連憑藉村前交通溝，英勇抗擊，苦戰至黃昏。在全連嚴重傷亡的情況下，連長白思才、指導員李雲鵬組織全連剩下的二十多人燒燬文件，掩埋好烈士遺體，奮起突圍，戰至彈盡，全部壯烈犧牲。劉老莊戰鬥，4連八十二名勇士連續打退日偽軍一千餘人的五次衝鋒，經受了數小時的炮擊，整整堅守了十二個小時，斃傷日偽軍一百七十餘名，掩護了黨政機關和人民群眾安全轉移。朱德總司令評價劉老莊戰鬥「是我軍指戰員的英雄主義的最高表現。」戰後，這支部隊得以重建，並被命名為「劉老莊連」。

在新四軍諸多的傳奇故事中，還有一段特殊歲月的跨國友誼。

自一九四三年開始，美國陸軍第14航空隊和美國海、空軍開始對日本海上運輸線和日軍占領下的戰略要點甚至日本本土展開大規模轟炸。起飛轟炸日本本土的美軍轟炸機，並不都能安全返航，有不少戰機因被擊傷或油料不足而被迫就近在中國沿海地區降落。而當時中國沿海地區大部分被日軍所控制，飛行員很容易被日軍俘虜。

一九四四年八月二十日晚上，一架B－29轟炸機在執行完轟炸日本境內軍事基地的任務後，返航途中因飛機發生故障，被迫在中國東部沿海迫降。飛機栽到了江蘇省金橋村東面的一個堤坡下，三十多名日軍和四十多名偽軍直撲現場。新四軍的游擊隊和當地的民兵得知後也迅速趕往現

▲ 攻剋日偽軍碉堡後的新四軍戰士

場。日偽軍兵分四路連連發起進攻，四百多名游擊隊員和民兵奮起還擊。最後，日偽軍被迫撤離。在這場戰鬥中，新四軍犧牲了四人，十多人負傷。

但是，飛行員卻不知去向。游擊隊執行完任務宿營時，一名民兵匆匆趕來報告，說有一名外國飛行員跳傘後降落在黃家舍，腿部受了輕傷。可是，黃家舍是日軍控制的區域。游擊隊長毅然決定，必須救人。

就這樣，在敵人的眼皮子底下，游擊隊員冒著生命危險，找到了負傷的美國飛行員。在運送的途中，又發現了被當地群眾救助的兩個飛行員。他們分別是飛行機械師特爾馬克中尉、副駕駛盧茨中尉及中心火力控制炮手布倫迪奇上士。

讓三位美國軍人吃驚的是，當第二天上午他們被送到新四軍的一處基

▲ 利用河、湖、港、汊開展水上游擊戰

地時，又見到了戰友特爾馬克、盧茨、布倫迪奇，他們也是被新四軍營救的。還有領航員奧布賴恩上尉，則是被當地老百姓護送來的。五位美國飛行員劫後重逢，無比激動。後來得知，另一名美國飛行員不幸被日軍殺害了。

這五名美國飛行員後來都安全回到了美國。

據統計，活躍在華東地區的新四軍，曾先後五次搶救美軍失事飛機，營救遇難飛行員十五名。

猶如汪洋大海中的一座座小島，新四軍以堅強的意志力和英雄氣概，搏擊著驚濤駭浪，在逆境中不斷成長。至一九四五年，新四軍已由組建時的一萬餘人發展到四十一萬餘人。據不完全統計，在八年抗日戰爭中，新四軍共抗擊和牽制了約十六萬日軍、二十三萬偽軍，對日偽軍作戰二萬四千六百一十七次，殲敵四十七萬八千七百六十四人，解放人口八千四百萬，卓越完成了敵後抗戰的艱巨任務。

華北烽火

百團大戰

「出門上公路，抬頭見炮樓」，這是幾十年前華北老百姓的諺語。

為了嚴密控制占領區，消除八路軍帶來的巨大威脅，日軍從一九四〇年開始，在華北地區，以「鐵路作柱、公路作鏈、碉堡作鎖」，打造一個「囚籠」。日軍的策略看起來很「高明」：一面以深溝高壘連接碉堡，把抗日根據地分割為孤立的小塊，以便分區「搜剿」；一面加強修築公路鐵路，將根據地多層環繞起來，從外面包圍封鎖。

面對冰冷殘酷的「囚籠」，八路軍決心重拳出擊，直接切斷敵人的大動脈——交通線。

▲ 八路軍與民兵配合破擊正太路

當時華北有七條鐵路幹線，其中正（定）太（原）鐵路全長二百四十九公里，是貫通山西、河北的重要交通命脈。日軍視正太鐵路沿線為「不可接近」的地區。在這條鐵路線上，有日軍侵占的重要燃料基地陽泉和井陘煤礦。如果破襲正太線，將給日軍苦心經營的運輸網絡以毀滅性的打擊。

八月二十日晚二十二時整，八路軍副總指揮彭德懷一聲令下，一顆顆紅色信號彈騰空而起，各路突擊部隊象猛虎下山，撲向車站和據點，聲勢浩大的交通破襲戰打響了。由於戰役發展迅速，開戰第三天，參戰部隊猛增至一〇五個團。彭德懷得知後，興奮地說：「不管一百多少個團，乾脆就把這次戰役叫做百團大戰好了！」

二千五百公里的敵後戰場上，八路軍全線出擊。根據地男女老少齊上陣，各部隊對路軌、車站、橋樑、隧道、通信設施實施全面破擊，使日軍在華北的主要交通線陷入癱瘓。除了破壞交通線，八路軍還摧毀了深入根據地的日軍據點。百團大戰僅前三個半月，就破壞了日軍在華北的主要交通線，鐵路四七四公里、公路一五〇二公里、橋樑二一三座。

百團大戰是八路軍在華北發動的規模最大、持續時間最長的帶戰略性的進攻戰役。至十二月五日戰鬥結束，八路軍共進行戰鬥一八二四次，斃、傷日軍二〇六四五人。日本華北方面軍司令多田駿中將引咎辭職。蔣介石特向八路軍拍發嘉獎電報，讚許八路軍「斷然出擊，予敵甚大打擊。」

但是，在波瀾壯闊的戰場上，戰爭的無情並不是唯一的主題。一件無意中發生的小事，展現了八路軍的另一個側面。

在百團大戰的一次戰鬥中，八路軍戰士從燃著烈火的廢墟中救出兩名日本小女孩，一個五六歲，一個尚在襁褓中，且傷勢很重。晉察冀軍區司令員聶榮臻得知這一情況後說：「立刻把孩子送到指揮所來。」看到送來的兩個孤苦伶仃的小姑娘，聶榮臻先抱起那個受傷的嬰兒，看到傷口包紮得很好，便囑咐醫生好好護理。那個大點的小姑娘叫美穗子，非常害怕，

▲ 聶榮臻司令員與警衛員正在給日本小孩喂飯

也不說話。聶榮臻把她帶在自己的身邊，悉心照護。為不使兩個孤兒留在異國他鄉，聶榮臻派人找了一個可靠的老鄉，用挑子將兩個小姑娘送到日軍駐地石家莊，還特意寫信請日軍轉交她們的親屬撫養。

一九八〇年，美穗子攜全家專程來中國拜望她的「中國父親」——聶榮臻元帥，表達對中國人民的感激之情。她告訴聶帥：「當年參加過正太路作戰的日本舊軍人再三表示，他們對不起中國人民，非常抱歉。」戰火中的這段故事四十年後成為中日友好的一段佳話。

狼牙山五壯士

狼牙山是華北地區的一座山峰，因為陡峭的山形像狼的牙齒，所以得名狼牙山。七十多年前，狼牙山上人煙罕至。然而，遠處傳來的槍炮聲，不僅驚起了林中的小鳥，也打破了曾經的安寧。

這是一九四一年的秋天，日軍調集七萬餘人的兵力，對八路軍根據地進行毀滅性的「大掃蕩」。九月二十五日，敵人圍攻狼牙山地區，企圖殲滅該地區的八路軍和游擊隊。

由於敵我力量懸殊，八路軍選擇了轉移。護衛著機關工作人員和老百姓，主力部隊疾速離開敵人的包圍圈。擔任掩護任務的一個連不久也完成任務，準備撤離，為了確保安全，留下了第 6 班的五名戰士擔負後衛阻擊。

五名戰士利用有利地形，奮勇還擊，打退敵人多次進攻。他們的英勇和機智使得日軍誤以為八路軍主力還在包圍圈中。

第二天清晨，為了不讓敵人發現主力部隊的轉移方向，五位戰士朝著相反的方向，邊打邊撤。他們沿著一條羊腸小道，把敵人引向狼牙山主峰棋盤陀。這裡山林陡峭，奇峰林立，地勢非常危險，易守難攻。

在陡峭的主峰，五位戰士又不可思議地同敵人周旋了一天。當他們打退敵人的第四次衝鋒後，按照上級規定的時間，可以撤退了。這時擺在他們面前有兩條路，一條是大部隊轉移的路，走這條路可以很快趕上大部隊，但這樣也會把敵人引向大部隊；另一條是通往棋盤陀頂峰的路，那上邊是懸崖絕壁，是一條絕路。

敵人的第五次衝鋒又開始了，五位戰士毅然向棋盤陀峰頂攀去。子彈打光了，就用石頭砸。眼看著就要被敵人俘虜，但是逼近的日軍看到了震驚的一幕——五位戰士接連跳下高達數百米的懸崖。

在目睹了這驚心動魄的一幕後，日軍整齊地排成幾列，站在跳崖處，隨著指揮官的口令，恭恭敬敬地三鞠躬。

五位壯士中有三位墜落崖底而犧牲，有兩位則神奇地被半山腰的樹枝掛住而倖存，後來返回部隊，繼續戰鬥。

「狼牙山五壯士」的故事在中國流傳至今，而風景奇麗的狼牙山也成了著名的旅遊景點。孩子們會在這裡聽到英雄的故事和英雄的名字。

他們是八路軍晉察冀軍區第 1 軍分區第 1 團第 7 連第 6 班班長、共產黨員馬寶玉，副班長、共產黨員葛振林，戰士宋學義、胡德林，胡福才。

聶榮臻曾說：「他們身上體現了中國共產黨領導的人民軍隊的優秀品質，體現了中華民族的英雄氣概。」

▲ 狼牙山五壯士中的倖存者葛振林（左）、宋學義

生死考驗

劃破囚籠

八路軍頑強的生命力讓日軍倍感挫敗和焦慮。一九四〇年，日本華北方面軍將共產黨游擊隊稱作「最大癌患」，並編輯《剿共指南》通報全軍。

自一九四一年起，日軍在華北連續五次推行「治安強化運動」，對根據地進行殘酷和大規模的「掃蕩」。日軍實行野蠻的「三光」政策：燒光、殺光、搶光，甚至施放毒氣和進行細菌戰，製造無人區，企圖摧毀八路軍的生存條件。

一九四二年五月，侵華日軍總司令岡村寧次調集三萬精銳部隊，對太行山區進行報複式奔襲「大掃蕩」。這次日軍「大掃蕩」非常突然，八路軍總部附近只有兩個臨時組織的團守備。根據敵我雙方的情況，八路軍副

▲ 八路軍副參謀長左權（右）在反「掃蕩」作戰途中

總指揮彭德懷和副參謀長左權果斷決定：跳出日軍的合擊圈，向東轉移。日軍發現八路軍分路突圍的意圖後，緊縮包圍圈，並用更加猛烈的炮火向突圍隊伍進行轟擊。二十四日，總部機關趁黑夜轉移，一晚上突破了敵人三道防線。第二天，隊伍正在十字嶺吃飯，再次受到近二萬日軍的包抄襲擊。左權指揮隊伍頑強抵抗，掩護機關撤退。在崎嶇的山道上，流動著輜重、馱隊和人群，有醫院傷病員的擔架隊，有報社、銀行和學校的工作人員，而作戰部隊不足三百人。

在敵我力量如此懸殊的情況下，八路軍將士把勇氣發揮到了極致，和敵人展開了白刃戰，幾次打退日軍的瘋狂進攻。八路軍 129 師 769 團的李營長突圍時身負重傷，腹部被炸開，腸子都流出來了，仍在指揮戰鬥。左權副參謀長不幸被炸彈擊中犧牲，這是抗日戰爭中八路軍犧牲的最高將領。

八路軍總部遇襲，雖然遭受了重大損失，但最終還是衝出了日軍的包圍。

大生產運動

這是八路軍最為艱難的一段歲月。

在日軍殘酷掃蕩的同時，國民黨中的反共頑固派也不斷製造摩擦，停發八路軍的薪餉、彈藥和被服等物資。雙重壓力之下，廣大抗日軍民面臨著嚴重的生存危機，幾乎到了沒有衣穿、沒有飯吃、沒有油用、沒有鞋襪的地步。有的地區，軍隊不得不以樹葉草根充飢。

面對空前嚴重的困難，怎麼辦？

作為最高領導人，毛澤東一直在思考應對的措施。

一天，毛澤東把幾位高級將領叫到自己的窯洞，開門見山地說：「我們到陝北是來幹什麼的呢？是幹革命的。現在日本侵略軍、國民黨頑固派要困死、餓死我們，怎麼辦？」講到這裡，他稍作停頓，接著講道：「我看有三個辦法。第一個是革命革不下去了，那就不革命了，大家解散，回家；第二個是不願意解散，又無辦法，大家等著餓死；第三個是靠我們自己的兩隻手，自力更生，發展生產，大家共同克服困難。」

聽了毛澤東的一席話，大家一致說，我們只能按照第三種辦法幹。

一九三九年二月二日，中共中央在延安召開生產動員大會。毛澤東在會上發出「自己動手，豐衣足食」的號召，一場轟轟烈烈的大生產運動就此在邊區開展起來。

沉寂了多年的荒山野地上第一次升起裊裊炊煙，拿起槍的手如今操起鋤頭，開荒種地，扶犁耕田，紡紗織布，都是戰士們要學的本領。領袖和

▲ 大生產運動

普通群眾住一樣的窯洞，穿一樣的粗布，吃一樣的小米黑豆飯。毛澤東、朱德、周恩來等黨政軍負責人，帶頭生產勞動，親手開荒種菜，經常利用休息時間去勞動。周恩來還參加了紡線比賽，並被評為「紡線能手」。

到一九四二年底，邊區共開墾荒地六百多萬畝。大生產運動解決了根據地的糧食問題，更重要的一個成果，是農民的負擔大大減輕。一位歐洲人訪問了邊區後評價說：「真是一個新的中國！他們沒有奢談『新生活運動』，但是他們卻有了新生活。」

不屈的戰魂

英雄是為祖國和自由而戰的人。中國抗日戰爭的八年，鑄造了無數的英雄。他們中有身經百戰的將軍，有智慧超群的指揮官，有普普通通的戰士和游擊隊員；有並肩作戰的夫婦，有熱戀的情侶。有的多次負傷，甚至子彈永久留在身體中；有的和死亡擦肩而過，卻要承受目睹戰友倒下的悲痛；有的永遠長眠，甚至找不到遺體。

在英勇奮戰的日日夜夜裡，那些離我們遠去的英雄的魂魄，長留在了中華民族的精神世界。我們從眾多的英雄譜裡選取了兩個名字，以此緬懷他們身後的所有身影。

楊靖宇，一個真正的男子漢，一個連敵人都欽佩的英雄，是中國軍人永遠的楷模。

冷雲，一個文靜清秀的年輕姑娘，喜歡唱歌，敢愛敢恨，當面臨生死考驗時，她的英雄氣概不輸男人。

楊靖宇，一九二七年加入中國共產黨，一九三二年被派往東北組建抗日聯軍，曾擔任抗日聯軍第一路軍的總司令兼政委。一九四〇年，日偽軍在飛機、大砲、裝甲車的配合下，出動了四萬餘人對東北抗聯第一路軍部隊進行圍剿。為減少犧牲，楊靖宇將部隊化整為零，與敵周旋。他們既要忍受飢餓和疲勞，又要在重兵中穿梭苦戰。二月二十三日下午，在一處大雪覆蓋的山林中，楊靖宇被上百名尾追多日的日偽軍包圍了。敵人有令，遇見楊靖宇，先不要開槍，一定要爭取勸他投降或者活捉。但他們想錯了。根據敵人的記載，楊靖宇兩隻手拿著兩支槍，不停地射擊，打死了兩名日軍少佐。敵人見活捉無望，就向他開槍。楊靖宇身中四彈，壯烈犧牲。

日軍不能理解，為什麼楊靖宇在完全斷糧五天以上的情況下，在氣溫只有零下幾十度的雪地裡，依然能夠頑強地抵抗？他們將楊靖宇的遺體送到醫院進行解剖，發現胃腸裡沒有一粒糧食，只有一團團無法消化的野草根、樹皮和棉絮！看到這些，在場的醫護人員都低下頭。日軍頭目驚訝得目瞪口呆，半晌才連連說：「楊靖宇，中國的英雄！」楊靖宇驚人的頑強極大地震撼了敵人，日軍在他殉難處破例修了一座墓，安葬楊靖宇的遺體。

▲ 楊靖宇烈士

戰爭讓女人走開。戰爭中的女人因此格外醒目。

一九三八年秋天，中國的東北地區已經有了很深的涼意。十月二日，冷雲等人隨部隊行軍到達一條河邊。這條河的名字叫烏斯渾，意思是「洶湧暴烈」，此時正值秋後漲水，河水更是波濤翻滾，令人生畏。

部隊在河畔露營，因為天氣寒冷，大家燃起篝火，相互依偎著入睡。篝火的火光被十公里外的奸細發現，後半夜，日軍熊本大佐便指揮一千多人包圍過來。

等發現敵人時，已經晚了。冷雲冷靜地部署大隊伍撤退，自己帶領幾位女戰士殿後。大部隊脫離了險境，但是冷雲和其他七個女戰士卻在河岸邊被重重包圍。

一陣槍聲後，忽然安靜了。女戰士們的子彈打完了，日軍也停止射擊，準備活捉她們。突然，河邊響起幾聲爆炸，這是女戰士們投出的最後幾顆手榴彈。

硝煙消散後，人們看到了不可思議的一幕景象：八位女戰士高唱著《國際歌》，互相攙扶，一步步走進洶湧寒冷的大河中……

她們中年齡最大的冷雲二十三歲，最小的王惠民才十三歲。

抗戰中的國際友人

戰爭不僅製造仇恨，也會帶來愛和希望。

在抗日戰爭的艱苦歲月裡，許多國際友人千里迢迢甚至遠渡重洋，來到中國，或作為新聞記者到前線採訪，或參加醫療隊救治傷病員，或參加抗戰的各項建設。他們把中國的抗戰當成自己的事業，有的甚至還獻出了寶貴生命。他們的名字至今在中國流傳，中國人民永遠不會忘記他們。

埃德加・斯諾

美國著名記者，為中美友好關係鋪平道路的第一人。一九三六年六月

▲ 毛澤東和美國記者埃德加・斯諾在陝北

至十月，年僅三十歲的斯諾帶著兩個相機、二十四卷膠卷，輾轉進入了陝北。在延安他採訪了毛澤東、周恩來、彭德懷等共產黨領導人，以及很多紅軍戰士、游擊隊員、老百姓。一九三七年十月，斯諾的《紅星照耀中國》（通譯為《西行漫記》）出版，成為當時最暢銷的書籍。此後，又在世界各地被譯成二十多種文字出版，引起了世界性轟動。許多關心遠東反法西斯戰爭的國際人士正是通過《西行漫記》了解了中國共產黨。一時間，中共蘇區成了全世界有識之士的關注熱點，外國記者、醫醫療隊先後進入蘇區。

後來，斯諾在上海發起中國工業合作社運動，從工業方面來援助中國抗戰。為得到國際上的援助，他辭去了記者工作，奔走於香港及海外，動員很多美國人募捐。他還幫助一些願意幫助中國共產黨抗戰的外國友好人士到蘇區去。美軍海軍陸戰隊軍官埃文思・卡爾遜就是通過他介紹找到八路軍的。

一九三九年，斯諾第二次進入延安。他再次見到了毛澤東和不少中共領導人，考察了延安的工農業生產、文化教育衛生事業等。通過這次考察，斯諾更加堅信中國共產黨是中國的希望之光。一九三九年末至一九四一年初，國民黨頑固派不斷掀起反共高潮，製造了震驚中外的「皖南事變」，斯諾深感痛楚。他公正報導中國抗戰實況，揭露國民黨政府的陰謀，並進行大量的國際宣傳。這引起國民黨政權無比憤恨，拒絕給他發簽證，斯諾這才被迫返回美國。

新中國沒有忘記這位好朋友。斯逝世後，遵其遺囑，他的骨灰安置在其生活過的北京大學未名湖畔。漢白玉墓碑上，鐫刻著周恩來題寫的小記：「中國人民的美國朋友埃德加・斯諾之墓。」

艾格尼斯・史沫特萊

美國著名的記者、作家，出生於密蘇里州北部的一個工人家庭。一九二八年，她就來到中國，後撰寫出《中國紅軍在前進》一書，這是第一部報導中國紅軍的著作。抗日戰爭爆發後，她動員和組織了白求恩、柯棣華等著名國際友人來到了中國的解放區。一九三七年初，史沫特萊來到延安，開始了對朱德總司令的採訪。為了把朱德總司令的傳記文學寫好，她不辭艱辛，輾轉跋涉，深入前線，在戰火烽煙中記錄朱德的一言一行。一九三八年十月，史沫特萊充任中國紅十字會戰地救護隊員，經長沙、南昌、河南、湖北等地，行程數千里，為救護傷員而奔忙。同時寫出了許多報導八路軍、新四軍抗戰的真實報導。由於長時期跟隨部隊行動，無暇顧及衛生，她身上長了蝨子，但是滿不在乎，總是一聳肩說：「別人身上長了蝨子，為什麼我就不能長呢？」史沫特萊總是把自己看成一名八路軍戰士。當她要離開前線回到後方時，流著眼淚說：「我走遍全世界，都沒有

▲ 史沫特萊（左一）和毛澤東

一個家。現在，八路軍就是我的家，我捨不得離開這個家啊！」

漢斯・希伯

德國作家兼記者，出生於波蘭。一九三八年春來到延安，一九三九年春至皖南新四軍軍部採訪，後來又到了山東沂蒙山。當時日軍正在「大掃蕩」，八路軍領導曾勸他不要去。但是他說：「正是因為那裡很危險，才更需要我，還沒有外國記者到過那裡。」在沂蒙山區，漢斯・希伯就像到了家，無論走到哪裡都有人和他友好地打招呼、握手。中國人民的熱情和奮勇抗戰的精神感動了他，給了他工作的動力。他經常背著一個牛皮圖囊，裡面裝著望遠鏡、地圖、搪瓷杯和毛巾。他與軍政領導深入長談，和戰士一起摸爬滾打，並參加夜襲戰鬥，參加各種集會，採訪日本戰俘，積極深入到抗日軍民的生活中。在一次戰鬥中，漢斯和他的戰友們被日偽軍合擊。在突圍的戰鬥中，翻譯和幾名戰士都為保護他而犧牲，他也拿起槍，和衝上來的日軍對射，在打死幾名日軍後不幸中彈犧牲，時年 44 歲。一名歐洲記者就這樣長眠在中國大地上。漢斯・希伯是第一個穿上八路軍軍裝的歐洲人，正如他自己所說，「一個記者是不畏懼槍炮子彈的」。在今天沂蒙山的烈士陵園裡，豎立

▲ 德國醫生漢斯・希伯

著他的一尊大理石雕像，一手拿著筆記本，一手拿著筆，身穿八路軍軍裝，目光深邃，望著遠方。

諾爾曼・白求恩

加拿大共產黨員、著名胸外科醫生。一九三八年三月，他率領一支加美援華醫療隊從相隔萬里的大洋彼岸到達延安，並隨身帶來了三卡車醫療用品。隨後，白求恩組成了八路軍第一支戰地醫療隊，開赴晉察冀邊區，在那裡工作一年多，他的犧牲精神、工作熱忱讓周圍所有人動容。他經常說：「一個戰士，在前方奮勇殺敵，負了傷來到醫院治療，我們如果對他不負責任，就是對革命不負責。」

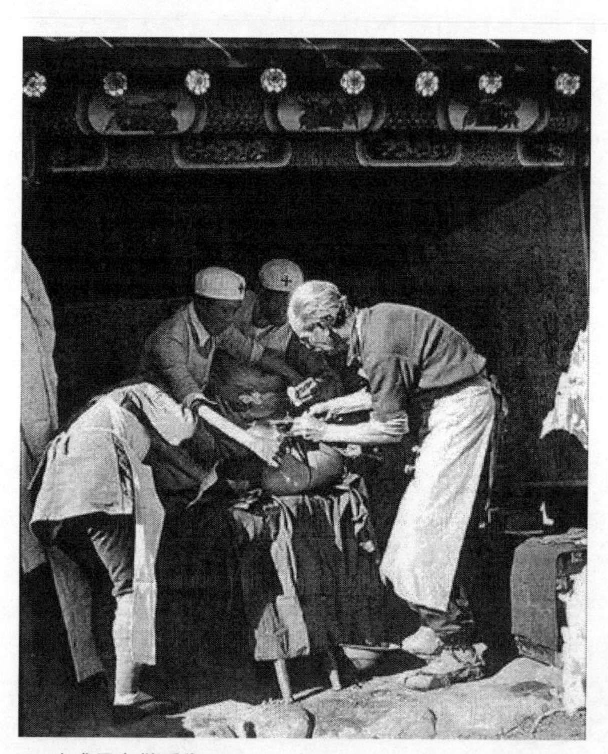

▲ 白求恩在做手術

一九三九年四月，白求恩率醫療隊在前線搶救傷員。他曾在戰鬥進行的三天三夜裡，夜以繼日，為一百一十五名傷員進行了手術。同年十月，在搶救傷員時，白求恩左手中指被手術刀割破，受到感染，但他仍不顧傷痛，堅決要求去戰地救護。他說：「不能因為這點小病讓你們把我堅壁起來，你們要拿我當一挺機關槍使用！」就這樣，他拄著樹枝，跟隨醫療隊到了前線。終因傷勢惡化，不幸以身殉職。一九三九年十二月，毛澤東寫下了《紀念白求恩》一文，讚頌他崇高的國際主義和共產主義精神，號如共產黨員和人民群眾向他學習。數十年來，白求恩一直是中國人民學習的楷模，是中國人民敬仰的英雄。如今，白求恩的名字被寫進了加拿大一些中學和小學的教科書中。

柯棣華

一九三八年九月，柯棣華參加印度援華醫療隊來到中國支持抗戰。剛到中國時，他還不太清楚國共兩黨的區別，先到國民黨的軍醫院工作。在那裡雖然待遇很高並經常有酒宴，但他目睹了官員的貪污腐化後感到萬分失望。在了解中國共產黨的困難後，他決定奔赴延安。翌年二月十二日，經過長途跋涉，柯棣華一行抵達延安，分配至八路軍醫院工作，擔任外科醫生並兼做X光工作。

▲ 身著八路軍軍服的柯棣華

一九三九年十一月，他和另兩位大夫一起去前線，行程近萬里，多次通過敵人封鎖線。一路風餐露宿，還經受了槍林彈雨的考驗。在危險環境中，他不僅毫無怨言，還做手術五十餘人次，診治二千多名傷病員。百團大戰期間，柯棣華帶領印度醫療隊在十三天的戰鬥中，接收八百餘傷員，施行五百五十八例手術，曾三天三夜沒有闔眼。在艱苦的歲月裡，柯棣華把自己看成普通一兵，和大家一起吃黑豆、野菜，自己動手理髮，始終充滿激情。他在給友人的信中坦言：「我在此間過著一種前所未有的生活，我覺得充滿了活力和愉快，我熱愛中國，熱愛正以無窮的威力摧毀法西斯的英勇抗戰的軍民！」一九四二年七月七日，柯棣華加入中國共產黨。艱苦的生活和繁重的工作，把他的身體壓垮了。一九四二年十二月九日，因積勞成疾去世，年僅三十二歲。毛澤東在的題詞中寫道：「柯棣華大夫的國際主義精神，是我們永遠不應該忘記的。」

第三章

內戰：以弱勝強的奇蹟

一九四九年十二月的一個深夜，中國西南地區的成都天氣陰冷。國民黨最高領導人蔣介石帶著夫人、兒子和一些部下，匆匆前往機場。此時，成都已成「孤島」，被解放軍攻占只是時間問題。蔣介石最後的希望破滅了，不得不選擇離開大陸。

機場上蔣介石的「中美」號專機已經發動。夜幕中，飛機騰空而起。多年後，專機飛行員回憶說：這是蔣介石從政生涯中最心酸的一刻，「他坐在飛機上，一言不發。」

作為中國曾經的最高領袖，蔣介石最痛心疾首的莫過於在內戰中的慘敗。短短四年時間，國共兩黨軍隊的實力對比出現了令人驚奇的大反轉。在戰爭之初沒有人看好的中共軍隊卻以少勝多、以弱勝強，創造了人類戰爭史上的一次奇蹟。

直到晚年，蔣介石還在反省和總結失利的原因。在一次次的反思中，他給出的答案非常之多，多到幾乎人人都要為國民黨的失敗負責。

剛到臺灣的日子裡，蔣介石曾經在台北陽明山上的「革命實踐研究院」，多次面對國民黨的高級幹部和高級將領，發表訓詞。其中一次他頗為沉痛地講到：

「目前我們部隊的情形，各長官嫖賭吃喝，無所不為。尤其是賭博一項，相沿成風。共軍的紀律那樣嚴肅，而我們的軍紀如此廢弛，試問這樣的軍隊，怎麼能不被敵人所消滅？」

「軍民感情的隔膜，可以說惡劣到了極點。我們國民革命軍原是以愛國救民為目的，而事實的表現，不僅不能愛民，而且處處擾民害民。」

雖然決定戰爭勝敗的因素有很多，但蔣介石講到的這兩點確實切中了當時國民黨軍的要害，也折射出了人民解放軍獲勝的秘訣。

迫不得已的反擊

一九四五年八月十日，中國戰時首都重慶。十七時三十五分，設在重慶的盟軍總部忽然收聽到東京發出的英語國際廣播，稱日本接受波茨坦宣言，宣布無條件投降。雖然這不是正式的官方消息，但新聞媒體無法按捺喜悅之情，把消息發送給了公眾。

夜晚降臨，數十萬重慶市民擁上街頭，載歌載舞，敲鑼打鼓，爆竹聲震耳欲聾。美國盟軍的吉普車陷入了人海，士兵們乾脆跳下車來，和中國人握手擁抱，一起狂歡。笑聲夾雜著淚水，這是積蓄了八年的情感爆發。一場曠日持久、力量懸殊的戰爭，對抗的不只是實力，還有意志力和信念。

五天後的八月十五日，日本正式宣布無條件投降。九月二日，日本簽署投降書。中國人民的抗日戰爭歷時八年，在付出了無數的犧牲和高昂的代價後，終於獲得了最後的勝利。

抗日戰爭結束後，飽受戰爭之苦的中國人民渴望和平和建設，但是內戰的陰影卻投射進了勝利的喜悅中。早在抗日戰爭期間，蔣介石就對八路軍和新四軍的發展不斷設置障礙，還不惜製造事件，破壞中共的抗日力量。

但是，此時的蔣介石必須慎重。人民的呼聲是一方面，在國際上，美英蘇三國都不贊成中國內戰，更實際的問題是，國民黨數百萬軍隊中一半以上還位於偏遠的西南、西北地區，調動兵力尚需時間。正如美國總統杜魯門所說：「蔣介石的權力只及於西南一隅，華南和華東仍被日本占領

▲ 延安召開軍民大會慶祝日本投降

著，長江以北則連任何一種中央政府的影子也沒有……事實上，蔣介石甚至連再占領華南都有極大的困難。要拿到華北，他就必須同共產黨人達成協議，如果他不同共產黨人及俄國人達成協議，他就休想進入東北。」

在這種情況下，八月蔣介石以國民政府主席的名義，三次電邀中共中央主席毛澤東到重慶進行和平談判。為了避免內戰，盡一切可能爭取和平，毛澤東於八月二十八日親赴重慶與國民黨談判。《大公報》記者這樣描述道，「毛澤東先生，五十二歲了。灰色通草帽，灰藍色的中山裝，蓄髮，似乎與慣常見過的肖像相似。」「毛澤東先生來了！中國人聽了高興，世界人聽了高興，無疑問的，大家都認為這是中國的一件大喜事」。

蔣介石沒有料到自己的政治「作秀」真的會引來毛澤東，頗感意外。

在毛澤東抵達重慶的當天，他才匆忙召集會議討論對策。

▲ 國共兩黨在重慶舉行和平談判期間，毛澤東、蔣介石、赫爾利等合影。

蔣介石更沒有想到，共產黨是抱著極大的誠意來談判的。在提出關於談判的意見中，不但承認蔣介石的領導地位，承認國民黨政權，而且捨棄了「聯合政府」的提法，只要求「參加政府」。當然，這份意見中包含著兩個核心的政治問題，即軍隊國家化和結束一黨專治。

據陪同毛澤東前往重慶的秘書胡喬木回憶，在重慶，蔣介石與毛澤東會面有十一次之多，大多是在公開場合，但兩人的幾次重要會談都是祕密的，「有時甚至沒有任何其他人在場」。

毛澤東還出席了國民黨政府和高級將領舉行的歡迎宴會或茶話會。他主動宴請政界、軍界、文化界、產業界等朋友，甚至看望了一向反共的國民黨強硬分子陳立夫和戴季陶。他接受了英國路透社駐重慶記者甘貝爾的採訪，當被問到是否可能不用武力而用協定的方式避免內戰？毛澤東回答：可能，因為這符合於中國人民的利益，也符合於中國當權政黨的利益。目前中國只需要和平建國一項方針，不需要其他方針，因此中國內戰必須堅決避免。當問道假如談判破裂，國共問題可能不用流血方法而得到

▲ 一九四六年東北內戰前夕

解決嗎？毛澤東說：我不相信談判會破裂，在無論什麼情形之下，中共都將堅持避免內戰的方針。困難會有的，但是可以克服的。

儘管在談判期間，國共雙方發生了軍事衝突。但國共雙方經過四十三天的談判，於十月十日簽署了《政府與中共代表會談紀要》（即《雙十協定》）。國民黨被迫承認了和平建國的基本方針，承認了各黨派的平等地位和人民的某些民主權利，並同意召開有各黨派及無黨派代表參加的政治協商會議。但解放區軍隊和政權這兩個關鍵問題並未得到解決。

一紙《雙十協定》，並不能阻止國民黨不斷調兵遣將、搶占地盤，國共雙方軍隊不時發生軍事衝突，爆發內戰的危險仍然存在。

一九四五年底，剛剛退役的前美國陸軍參謀長馬歇爾五星上將作為美國總統杜魯門的特使來到中國，開始調解國共衝突。國共雙方於一九四六年一月十日達成停戰協定，規定一月十三日午夜十二時起停戰協定生效，屆時雙方停止一切軍事衝突。

然而，停戰令也不能真正生效，國民黨軍仍舊製造各種理由，不斷「騷擾」解放區。當完成發動全面內戰的各項準備之後，國民黨軍就以圍攻中原解放區為起點，對解放區發動了全面進攻。

全面內戰爆發，這是全國人民都不願意看到的現實，更讓中國共產黨人感到痛心。中國共產黨的理想是要建設美好幸福的新中國，卻始終不能擺脫戰爭的陰影。從一九二八年被迫拿起武器反抗暴力，到一九四五年，十七年艱苦的戰鬥歲月過去了，卻仍舊看不到期盼已久的和平，好容易爭取到的國共第二次合作再次破裂。

一九四六年九月間，中國共產黨領導下的八路軍、新四軍和其他部隊改稱「中國人民解放軍」。「解放」在中國古語中是解除束縛、獲得自由和發展的意思。之所以在軍隊前冠以「人民」二字，是因為這支軍隊始終認為自己屬於人民。戰鬥、犧牲、流血，都是為了中國人民的幸福和自由。

戰爭爆發之初，似乎勝敗沒有懸念。

國民黨統治區的面積約占全國土地面積的百分之七十六，人口約占全國人口的百分之七十一。同時，國民黨還控制著全國的大城市和主要交通線，擁有幾乎全部近代工業。國民黨軍總兵力約四百三十萬人。不僅擁有大量的砲兵和一定數量的飛機、軍艦和坦克，並掌握了一些現代化的運輸工具。而中國人民解放軍正規軍總兵力約一百二十七萬人，裝備主要是抗日戰爭時期繳獲的步兵武器和為數很少的火炮。

因此，蔣介石依仗其軍事優勢宣稱：在四十八小時內殲滅中原解放軍；二個星期占領蘇北，三個星期打通津浦路和膠濟路；三個月至六個月，打敗「共軍」。

但是，蔣介石的預言完全沒有實現。

六個月過去了，解放軍還在作戰，絲毫沒有疲軟的跡象。

解放戰爭的頭八個月，人民解放軍根據敵我態勢，以殲滅敵人有生力量為主，而不奪取或保守城市與地方。經過一百六十餘次的作戰，解放軍殲滅國民黨軍七十一萬餘人，粉碎了國民黨軍的全面進攻，渡過了戰爭最困難的階段。

▲ 蘇中戰役海安戰鬥中解放軍陣地一角

粉碎重點進攻

蔣介石也在思考自己的策略。他在回顧這段作戰的狀況時說：「我們在後方和交通要點上，不但要處處設防，而且每一處設防必須布置一團以上的兵力。我們的兵力就都被分散，我們的軍隊都成呆兵，而匪軍卻時時可以集中主力，採取主動，在我廣正面積極活動，將我們各個破擊。」

結果是「占地愈多，則兵力愈分，反而處處被匪軍牽制，成為被動。」解放戰爭頭八個月，國民黨軍雖然占領了解放區一百零五座城市，但部隊大批成建制被殲，攻勢受到嚴重挫折。

為了改變這種情況，自一九四七年三月開始，國民黨軍放棄對解放區的全面進攻，而是集中兵力對陝甘寧解放區和山東解放區實行重點進攻。

陝甘寧解放區首府延安，自抗日戰爭以來，一直是黨中央和人民解放軍總部領率機關所在地。因此，從全面內戰爆發起，這個地區一直被國民黨軍列為主要戰略目標之一。只是礙於國際、國內輿論，未敢貿然發起大規模的進攻。

一九四七年三月初，國民黨軍在西北地區集結了二十五萬人的兵力，從南北兩面向陝甘寧解放區發起進攻。

當時，彭德懷指揮的西北解放軍僅有二萬多人。力量對比如此懸殊，該怎麼辦呢？

毛澤東和他的戰友們做出的決策是：暫時放棄延安。

很多人感到不解。延安曾經是中國革命的「聖地」，抗戰期間，不少熱血青年不惜和家庭決裂，奔赴這個物質貧窮卻擁有精神財富的小城。多年來，延安就像一個大家庭，平等、和睦、快樂。很多人寧肯拋棄生命，也不願意離開這個「家」。

毛澤東又發揮了他獨特的語言藝術，不厭其煩地向大家解釋為什麼要暫時放棄延安。他把延安比喻成一個裝滿金銀財寶的大包袱，而把蔣介石和胡宗南比喻成半路打劫的強盜。我們暫時放棄延安，就是把包袱讓給敵人背上，使自己打起仗來更主動，更靈活，這樣就能大量消滅敵人，到了一定的時機，再舉行反攻，延安就會重新回到我們的手裡。這就是存人失地，人地皆存；存地失人，人地皆亡。

三月十九日，毛澤東和中央機關撤出延安。

國民黨軍的將領們為占領延安而欣喜若狂。三月二十五日，國民黨

▲ 青化砭戰役中被俘虜的國民黨官兵

《中央日報》報導：「毛澤東、周恩來等已遷往佳木斯，或已潛逃出國。」

實際上，國民黨軍對毛澤東一行的去向非常困惑，根本不知道他們去了哪裡。

而毛澤東一直在他們的眼皮底下穿行。撤離延安後，中共中央機關徑直向延安北偏東方向轉移，始終沒有離開陝北。

幾天後，毛澤東一行轉移到距離延安僅百公里的棗林子溝。這個小山村只有十來戶人家。

二十九日晚，毛澤東在窯洞裡主持召開了會議。討論了中共中央何去何從的問題。有人認為陝北太危險，應該儘快離開。毛澤東卻反對，他堅持要留在陝北。

毛澤東闡述了自己的理由：一是中共中央在延安十多年，一直處於和平環境中，現在一有戰爭就走了，如何向陝北人民交代？二是有人說陝北的敵我力量對比是十比一，敵人過於強大，出於安全考慮也要離開這裡。但是，我們留在陝北，就可以牽制住胡宗南的二十二萬大軍，蔣介石就不能輕易地把這些部隊投到全國其他戰場上去，就可以減輕其他戰場的壓力。三

▲ 轉戰陝北時期在前沿指揮所的彭德懷

▲ 轉戰陝北中的毛澤東

是有人主張派軍隊進入陝北，加強中共中央的保衛工作，不妥。「陝甘寧邊區巴掌大塊地方，敵我雙方現在就有幾十萬軍隊，群眾已經負擔不起。再調部隊，群眾就更負擔不起了」。

這樣的理由，人們無法反駁。

但是，為了防止國民黨軍把中共中央一網打盡，會議最後決定：毛澤東、周恩來等繼續留在陝北，主持中央和軍委工作；劉少奇等組成中央工作委員會，撤離陝北，東渡黃河，前往華北。

接下來的一年多時間裡，毛澤東就在陝北的黃土溝壑中不停轉移，有時住在農家的窯洞裡，有時露宿野外，他和外界的聯繫主要靠電台，很多作戰部署是在曠野中、密林間完成的。

國民黨軍在苦苦地尋找著毛澤東的蹤跡。雖然使用了空中偵察和地面偵探的雙重方式，但是，他們居然沒有得到一點毛澤東和解放軍總部的消息，這是一件讓人難以想像的事情，到底有什麼祕密呢？

在這段時間裡，發生過很多戲劇性的場面。國民黨軍的部隊在山樑上行，毛澤東和他的戰友們在溝底下走；國民黨軍的部隊下了溝，他們又上了山。咫尺間交錯而過。在一個叫王家灣的小村子，毛澤東剛離開，胡宗南的兵就到了，國民黨的將領們就住在毛澤東住過的窯洞裡，但他們全然不知毛澤東在這裡住過。

這些不完全是偶然和巧合。

美國記者貝蒂・格蘭姆曾給出過這樣一個答案：「大多數農民本來可以告訴國民黨軍附近有解放軍的埋伏，但是，至少我採訪過的被俘的國民黨軍官這麼認為：這裡的老百姓完全有本事不讓他們知道對手在何處。」格蘭姆說：「這是中國內戰一個最為顯著的特色。」

這確實是中國內戰的特色，解放軍制勝的秘訣之一就是老百姓的支持。這些支持源於中國共產黨的政策，以及解放軍嚴明的紀律。

更為重要的是，在這一年多時間裡，毛澤東設想的牽動國民黨軍主力的目標達到了。

做出重大貢獻的是著名將領彭德懷。他帶領隊伍一直停留在陝北一帶，利用國民黨軍急於尋找解放軍決戰的心理，充分利用陝北的有利地形和良好的群眾條件，採取「蘑菇」戰術，即以小部隊與國民黨軍周旋，從而使其處於十分疲勞和缺糧的程度，待其弱點暴露，立即集中主力加以各個殲滅。在撤離延安後的四十五天內，解放軍以傷亡二千二百餘人的代價，殲滅國民黨軍一點四萬餘人，穩定了陝北戰局。

在另一個嚴酷的戰場上，解放軍將領陳毅和粟裕同樣有著不俗表現。

▲ 陳毅、粟裕、譚震林在孟良崮戰役前線

一九四七年，國民黨軍在對陝北發動重點進攻的同時，集中約四十五萬人，向山東的中部山區發動進攻。為調動敵人、創造戰機，華東野戰軍在司令員陳毅、副司令員粟裕指揮下，在山東的南部和中部地區實行高度機動迴旋。經過反覆的調動，戰機終於出現了。當國民黨王牌部隊——整編第 74 師孤立突出時，陳毅、粟裕決定集中五個縱隊消滅該師。當整編第 74 師在一個叫孟良崮的地方被包圍時，蔣介石雖感吃驚，但認為該師戰鬥力強，所處地形有利，必能堅守；如左右鄰加速增援，可造成與華東野戰軍主力決戰的機會。於是，國民黨軍調集了十個整編師的兵力來援，且多數已距孟良崮僅一至兩天路程，有的只有十幾公里。但直到整編 74 師被殲，也沒能與其會合。經過三天激戰，解放軍以傷亡一點二萬餘人的代價，全殲國民黨軍三點二萬人。蔣介石獲悉整編 74 師被殲滅後，認為是內戰以來「最可痛心，最可惋惜的一件事」。盛怒之下的蔣介石將第 1 兵團司令官湯恩伯撤職，將救援不力的整編 83 師師長李天霞撤職並押送軍法處查辦。孟良崮戰役的勝利，粉碎了國民黨軍的進攻計劃，迫使國民黨軍暫時停止對山東解放區的重點進攻。

內戰中的所有故事似乎都在為解放軍將領的人生書寫傳奇。和高超的軍事才能同樣令人難忘的，是他們對共產黨的忠誠、吃苦耐勞的精神、快速反應的能力以及相互間的協作。

戰略反攻的一拳

小河村，是個秀麗的地方，兩條小河流過，河岸平坦，四周環山。一九四七年夏天，毛澤東率部在這裡落腳四十多天。

七月二十一日，中共中央召開了一次重要會議。會議一開始，毛澤東提出一個考慮甚久的「戰爭時間表」，即贏得戰爭的最後勝利大約需要五年時間——從一九四六年全面內戰爆發算起。

毛澤東主張，從此時開始，各主力部隊要從解放區內打出去，將戰爭從戰略防禦轉為戰略進攻。毛澤東認為，儘管軍事形勢依然嚴峻，但改變形勢的條件已經形成，戰爭不能按照蔣介石的計劃繼續在解放區內打下去，不能讓戰爭使解放區民眾的負擔一日甚過一日，不能讓土地改革後的解放區遭到徹底的破壞和毀滅。毛澤東說：「蔣介石搞了個黃河戰略，一個拳頭打山東，一個拳頭打陝北，想迫使我們在華北與他決戰。可他沒想到，自己的兩個拳頭這麼一伸，他的胸膛就露出來了。所以，我們呢，給他來個針鋒相對，也還他一個黃河戰略：緊緊拖住他這兩個拳頭，然後對準他的胸膛插上一刀！」

毛澤東作出戰略反攻部署，以劉伯承、鄧小平指揮的部隊實行中央突破，千里躍進大別山，另外兩支部隊配合行動。

一九四七年六月三十日，劉伯承、鄧小平率領的十二萬餘人，在黃河中下游約一百五十公里的河段上強渡黃河，揭開了人民解放軍戰略進攻的序幕。

國民黨軍統帥部無論如何也沒有想到，劉鄧大軍的十幾萬人馬會不要

▲ 小河會議會場

後方，孤軍從黃河邊直下國民黨統治區的腹地。國民黨方面認為共產黨人還沒有這個膽量與實力，況且這種類似自殺的舉動也違背基本的軍事常識。

八月七日黃昏，劉鄧大軍兵分三路，千里躍進大別山。他們首先面臨著寬達二十公里、遍地淤泥、積水沒膝、沒有道路和人煙的區域。官兵們在齊膝深的泥沼中艱難地移動。尤其是火炮，官兵們只能卸下拆散，再用人力扛著或抬著通過泥沼。許多年後，劉伯承回憶說：「有的地方，明明看著水已乾涸，但一腳下去，卻是稀爛的膠泥。前腳起後腳陷，使勁越大陷得越深，甚至拔不出來，馬匹的馱鞍早就卸下了，各種炮也都儘可能地拆散，扛著涉渡。馬匹吼叫著，越掙扎越下沉。炮車輪越旋轉越往下

▲ 一九四七年八月十一日，劉鄧大軍跨過隴海路，千里躍進大別山。

鑽。」

十八日夜，劉鄧大軍終於走出黃泛區，渡過了南下途中的第一條大河──沙河。此時，有關劉鄧部動向的情報被不斷地送到蔣介石面前，蔣介石立即部署各路部隊火速趕往河南南部，企圖阻止劉鄧大軍渡過汝河。

二十三日，劉鄧大軍大部隊順利渡過了汝河。當劉伯承、鄧小平率野戰軍指揮部跟隨最後一個縱隊到達汝河北岸時，國民黨軍一個整編師已堵住了去路，而尾追的三個整編師僅相距二十餘公里。在此緊急情況下，劉伯承、鄧小平親自察看渡口。劉伯承說：「如果讓後面敵人趕到，把我們夾在中間，不但影響戰略躍進，而且還有全軍覆滅的危險。自古狹路相逢勇者勝！從現在開始，不管白天黑夜，不管敵人的飛機大砲，我們要以進攻的手段對付進攻的敵人，從敵人陣地上殺出一條血路衝過去！」二十四日夜，部隊一部在炮火掩護下，勇猛突擊，渡過汝河，擊潰汝河南岸渡口守敵，掩護部隊和機關安全渡河。

二十六日，劉伯承、鄧小平到達淮河北岸。淮河是劉鄧大軍千里躍進大別山的最後一道關口。此時，淮河正值高水位期。劉鄧大軍到達岸邊，只找到十幾條小船。十幾條小船如何把全部人馬短時間內渡過河去？劉伯承親自來到渡口，拿根竹竿試探水情，認為完全可以架設浮橋。部隊正在架橋的時候，一個小個子馬伕牽著馬徒涉過河的情景引起了劉伯承的注意，他立即命令各部隊：停止架橋，按照馬伕過河的路線迅速徒涉。部隊就這樣浩浩蕩蕩渡過了淮河。

二十七日晚，當國民黨軍一個師追抵淮河北岸，師長命令部隊立即在解放軍過河的地方徒涉。不料，國民黨軍的前衛人馬剛一下水，淮河的洪峰就到了，人被陡然暴漲的河水沖走了。之後到達淮河邊的國民黨軍十多

▲ 一九四七年八月下旬，解放軍晉冀魯豫野戰軍陳（賡）謝（富治）集團由晉南渡過黃河，配合劉鄧大軍行動。

個旅全部停在了北岸。

劉鄧大軍勝利地進入大別山地區，完成了千里躍進任務，國民黨軍的圍追堵截計劃全部破產。

人民解放軍的戰略進攻不僅殲滅了大量敵人，而且成功地調動和吸引了國民黨軍南線全部兵力一百六十多個旅中的約九十個旅，把戰線由黃河南北推進到長江北岸，使中原地區由國民黨軍隊進攻解放區的重要後方變成了人民解放軍奪取全國勝利的前進基地。

決定命運的戰略決戰

戰略決戰，是決定戰爭雙方命運的嚴重鬥爭。一般情況下，往往是數量和裝備上都處於優勢的軍隊，主動尋找處於劣勢的軍隊進行決戰，以取得戰爭的決定性勝利。而解放軍的戰略決戰卻沒有遵循這一規律。

當決戰開始時，國民黨軍隊的數量還多於人民解放軍，裝備更比人民解放軍好，國民黨仍統治著全國四分之三的地區和三分之二的人口。但毛澤東敏銳地察覺到蔣介石正打算實行戰略撤退而一時還舉棋不定，難下決

▲ 東北野戰軍某部在錦州市區與國民黨軍進行巷戰

心。在這種情況下，毛澤東當機立斷，抓住時機，發動了這場人民解放戰爭歷史上從來不曾有過的戰略大決戰。

這場大決戰，是從遼瀋戰役開始的。

此時，在東北戰場上，解放軍兵力已超過一百萬人，而國民黨軍五十五萬人已被分割在長春、瀋陽、錦州三個互不相連的地區內。東北野戰軍如果殲滅東北國民黨軍，不僅能解放東北全境，使解放軍有一個戰略上鞏固的後方，而且還可以使東北野戰軍成為一支戰略機動部隊，這對於爾後解放其他地區將發揮巨大作用。

毛澤東果斷地把第一戰選擇在東北戰場上，這是高手著棋的思路。

那麼，對長春、瀋陽、錦州這三塊孤立的據點，先從哪裡打起？毛澤東和東北野戰軍司令員林彪之間發生了分歧。

毛澤東提出切斷北寧線，首先攻打錦州。北寧線由北平（今北京）到瀋陽，全長七百餘公里，是東北國民黨軍的唯一陸上通道，被認為是東北國民黨軍的生命線，而錦州位於北寧線上的咽喉要地。但林彪對攻打錦州顧慮重重，擔心如果久攻不下，敵人援兵從華北和海上增援，將會陷解放軍於被動地，再三提議先打長春。

在林彪的一再堅持下，長春戰役打響。

但是，攻打長春不像預期那樣容易，只好改用嚴密圍困的辦法。林彪發現自己的判斷出現了偏差。主力部隊被長春一座孤城所牽制，長此以往既不利於東北戰場，也不利於全國戰場。東北野戰軍領導人重新討論後認為「我軍仍以南下作戰為好」，又回到了毛澤東最初的戰略部署上。

九月十二日，東北野戰軍南下北寧線，發起遼瀋戰役。遼瀋戰役歷時五十二天，解放軍以傷亡六點九萬餘人的代價，殲滅國民黨軍四十七萬餘

▲ 東北國民黨軍特種兵部隊集體向解放軍投降

人，解放了東北全境。

遼瀋戰役結束後四天，即一九四八年十一月六日，解放軍就發起了淮海戰役。戰役分三個作戰階段。第一階段，華東野戰軍集中主力首先指向國民黨軍徐州集團薄弱而又要害的右翼第 7 兵團。戰役打響後，國民黨軍倉皇西撤。在追擊國民黨軍的作戰中，解放軍某部 1 營渡河時，為爭取時間，副排長范學福、班長馬選雲帶領全班跳入河中，十人分成五對，扛起浮橋，保障全營順利通過十米寬的河流，完成戰鬥任務。戰後被譽為「十人橋」。人民解放軍的勇猛追擊，於十一月十一日將國民黨軍四個軍合圍於江蘇北部地區村莊——碾莊圩為中心的狹小地區。國民黨軍徐州集團派出二個兵團共十二個師兵力，從十二日開始，在飛機、大砲、坦克支援下向碾莊圩被圍國民黨軍進行救援。但遭解放軍阻援部隊的頑強抗擊，前進遲緩。

蔣介石非常生氣，電斥徐州集團解圍不力，並派參謀總長顧祝同到徐州督戰。顧祝同到後質問指揮官杜聿明：「敵人不過兩三個縱隊，為什麼我們兩個兵團打不動」。杜聿明很無奈，回答說：「打仗不是紙上談兵，畫一個箭頭就可以到達目的地的，況且敵人已先我占領陣地，兵力也繼續增加，戰鬥頑強。」

直到第 7 兵團被殲，救援的國民黨軍也未能越過解放軍的阻擊線。

在粟裕指揮華東野戰軍圍殲第 7 兵團之際，劉伯承也在籌劃殲滅國民黨軍 12 兵團的一個「誘敵」方案。他讓阻止國民黨國第 12 兵團過澮河的解放軍 2 個縱隊放棄陣地而後撤，而當國民黨軍第 12 兵團進入口袋時，劉伯承則命令中原野戰軍切斷其退路。第二階段，全殲國民黨軍第 12 兵

▲ 華東野戰軍向杜聿明集團發起總攻

團。此時，杜聿明集團被華東野戰軍包圍，已如甕中之鱉。

第三階段，為配合平津戰役，淮海前線人民解放軍根據中央軍委部署，暫停對杜聿明集團的軍事攻擊，進行戰場休整。當東北野戰軍和華北軍區部隊在華北戰場上完成對傅作義的分割包圍後，一九四九年一月六日，華東野軍對杜聿明集團發起總攻，至十日將其全殲。

淮海戰役歷時六十六天，人民解放軍以傷亡十三點六萬人的代價，共殲滅國民黨軍五十五點五萬餘人。

後來，蘇聯駐華大使尤金說：「1949 年 1 月中旬，斯大林同志得知淮海戰役取得空前勝利，解放軍以 60 萬兵力打敗國民黨軍 80 萬兵力，就在記事本上寫下了『60 萬戰勝 80 萬，奇蹟，真是奇蹟』。」人民解放軍六十萬為什麼能打敗裝備優勢的八十萬國民黨軍呢？華東野戰司令員兼政治委員陳毅說：「淮海戰役勝利，是人民群眾用小推車推出來的。」整個戰役期間，支前民工達到五四三萬人，運送彈藥一四六〇多萬斤，糧食九點六億斤，轉送傷病員十一萬名，真正做到了解放軍打到哪裡，人民群眾就支援到哪裡，有力地保障了戰役取得勝利。

戰略決戰第三個戰役——平津戰役，從一九四八年十一月二十九日開始。

平津地區的主要守衛者是傅作義集團。傅作義的駐地在北平，也就是今天的北京。

戰役之初，為了保證東北野戰軍入關完成對傅作義集團的戰略包圍，毛澤東決定對華北國民黨軍據守的五個地區實行圍而不打、隔而不圍，以待部署完成之後各個殲滅。

當時，蔣介石和傅作義判斷，東北野戰軍經過遼瀋戰役後需三個月到半年的休整補充才能入關作戰；在東北野戰軍入關之前，憑傅作義集團的實力尚能應付自保。

為使傅作義不感到孤立而選擇逃跑，中央軍委決定華北軍區和華東野戰軍緩攻或暫停對國民黨軍的攻擊；並命令東北野戰軍立即結束休整，提前於二十二日取捷徑以最快速度隱蔽入關。為了避免國民黨空軍偵察，所有部隊晝伏夜行。同時新華社、廣播電台一直播發東北野戰軍在東北地區祝捷、慶功、練兵、開會的消息，造成東北野戰軍正在休整的假象，以麻痺國民黨軍。

當穿著厚棉衣的東北野戰軍突然出現在北平東北幾十公里之外時，傅作義驚慌了。

但是，已經來不及應對了。

傅作義之前的錯誤判斷導致自己派出西進的王牌軍全軍覆沒，他的西邊已經被解放軍切斷。

接著，在他的東邊，東北野戰軍集中三十四萬人，對天津發動了進攻，經過二十九小時激戰，攻克了國民黨軍十三萬人據守並有堅固設防的大城市天津。

天津解放後，北平國民黨守軍三十五萬人陷於人民解放軍百萬大軍的層層包圍之中。北平是華北第一大城市，也是世界馳名的文化古城。為保護這座城市不受戰爭破壞，中央軍委決定同傅作義進行談判，爭取和平解放北平。

經過多方的共同努力，一九四九年一月二十一日，雙方達成了和平解決北平問題的協議。三十一日，人民解放軍進入北平，北平宣告和平解放。

▲ 東北野戰軍向天津守軍發起攻擊

平津戰役歷時六十四天，人民解放軍以傷亡三點九萬人的代價，殲滅國民黨軍五十二萬人。

經過以遼瀋、淮海、平津三大戰役為主的大規模戰略決戰，國民黨軍隊的主力基本被消滅，國民黨政府的統治已從根本上動搖。

在三大戰役發起前，毛澤東和中央機關已順利轉移到華北平原一個叫西柏坡的小山村。

今天，這裡是中國著名的紀念地。在西柏坡的紀念館，有一面很特別的牆，長達數十米，上面鋪滿了毛澤東的親筆電報。毛澤東的字跡有著鮮明的個性化風格，被很多書法家讚賞。人們在欣賞毛澤東書法的同時，更會對這些字跡背後的傳奇唏嘘感慨。

據統計，在西柏坡，毛澤東向全國各個戰場發出了一百九十七封作戰電報。周恩來曾形象地說：「這裡不發槍，不發炮，只發電報。」中國古代對軍事統帥的最高評價是「運籌帷幄之中，決勝千里之外」，這句話用在指揮解放戰爭的毛澤東身上，再合適不過了。

三大戰役勝利後，人民解放軍繼續實施戰略追擊，向長江以南各省進軍，消滅殘餘的國民黨軍。

當一九四九年十月一日，毛澤東在天安門城樓上宣布中華人民共和國成立時，很多人是在南下的程途上聽到這一消息時都喜極而泣，這是他們等待太久的消息。

第四章

鞏固國防：邁向正規化、現代化

一九五〇年五月，人民解放軍渡海攻克海南島後，總兵力已達約五百五十萬人，其中步兵師大約有二百個，但兵種構成較為單一，特種部隊幾乎沒有。當時重型武器裝備極少，絕大部分武器裝備陳舊落後，多是美、日等國第二次世界大戰期間甚至是戰前生產的。當時僅槍炮就有一百多個型號、八十多種口徑，號稱「萬國牌」。

新生的共和國需要一支強大的現代化國防軍來保衛。帶著興奮和憧憬，人民解放軍上上下下投入到了一場現代化變革中——海軍、空軍等新的軍兵種和特種兵陸續組建，一系列正規的軍事院校開始籌建……

就在此時，朝鮮戰爭爆發了。由於國家安全受到嚴重威脅，中國被迫組織人民志願軍赴朝作戰。通過這場高度現代化戰爭的洗禮，人民解放軍的官兵對現代軍隊和現代戰爭的領悟更加直接和清晰。解放軍的正規化、現代化建設因此迅速起步，明顯加速。

抗美援朝的勝利與啟示

一九五〇年六月上旬，毛澤東主持召開中國共產黨的中央全會，決定當前全黨的主要任務是爭取國家財政經濟狀況的基本好轉。建設和發展是當時中國面臨的最重要任務，因此這次會議同時決定要在一九五〇年復員一部分軍隊，大幅減少軍事開支。

令毛澤東和他的戰友們始料未及的是，僅僅十多天後，朝鮮南北雙方圍繞國家統一問題，爆發大規模內戰。戰爭爆發的第二天，美國不但派其駐日本的空軍和海軍部隊侵入朝鮮支援南朝鮮軍作戰，而且宣布派遣美海軍第 7 艦隊進入臺灣海峽，阻止中國人民實現統一。美國政府的這一悍然舉措，嚴重干涉了中國的內政，不但引起了中國領導人的極大憤慨，更使

▲ 一九五〇年十月十九日，中國人民志願軍跨過鴨綠江，入朝參戰。

他們對美國的企圖產生了嚴重的懷疑。

九月十五日，美國軍隊在朝鮮西海岸的仁川實施大規模登陸，截斷了朝鮮人民軍的後路，並大舉向三八線推進。如果美軍地面部隊越過三八線北進擴大戰爭，中國大陸的安全將面臨嚴重的威脅。中國領導人對此憂心忡忡，中國總理周恩來多次通過各種渠道警告美國：「美國軍隊正企圖越過三八線，擴大戰爭。美國軍隊果真如此做的話，我們不能坐視不顧，我們要管。」

然而美國當局認為，周恩來的警告只是一種恫嚇，中國不會插手解決朝鮮問題，不敢同美軍進行較量。於是以美軍為首的「聯合國軍」一意孤行，大舉越過三八線，分為東、西兩路向北邊的中朝邊境一線推進。

毛澤東此刻面臨著一生中最為艱難的抉擇時刻。因為新中國剛成立不久，百廢待興，中美力量對比懸殊。一九五〇年，美國鋼產量八千七百七十二萬噸，工農業總產值二千八百億美元。而當年中國的鋼產量只有六十萬噸，工農業總產值只有一百億美元。美國還擁有原子彈和世界上最先進的武器裝備，具有最強的軍工生產能力。

出兵還是不出兵？毛澤東緊急召集軍政高層領導們連續召開幾天會議進行討論。會上大多數人根據中美雙方實力對比懸殊的狀況，建議不出兵。就在此時，人民解放軍最具威望的將領之一彭德懷指出，如果聽任美國陳兵鴨綠江一線，東北作為中國的工業基地隨時受到威脅。況且美國這只「老虎如果想吃人，隨時都會找到藉口」。

彭德懷的一番慷慨陳詞改變了會議的氣氛。毛澤東審時度勢，隨即委任彭德懷掛帥，率領中國人民志願軍抗美援朝。

一九五〇年十月十九日，彭德懷率領首批中國人民志願軍入朝作戰。

▲ 中朝部隊向「三八線」前進

志願軍入朝後，利用美軍認為中國出兵的「可能性很小」的錯誤判斷，迅速發起第一次和第二次戰役，利用拿手的大範圍穿插和迂迴戰術，連續作戰，把美國為首的「聯合國軍」從鴨綠江邊打回到三八線，從根本上扭轉了朝鮮戰局。美第 8 集團軍司令沃克中將也在部署三八線防線時，遭遇車禍喪生。

此後，從一九五〇年底到一九五一年六月，中國人民志願軍與朝鮮人民軍又連續進行了三次較大規模的戰役，將戰線穩定在三八線地區。

五次戰役的反覆較量證明，美國已不可能吞併朝鮮。美國也看到了這一點。在一九五一年六月美國參議院軍事委員會和外交事務委員會舉行的聽證會上，陸軍副參謀長魏德邁承認：「朝鮮戰爭是一個無底洞，看不到聯合國軍有勝利的希望。」

另一方面，志願軍和朝鮮人民軍要想完全擊敗「聯合國軍」，徹底解決朝鮮半島的問題，也是不可能的。此時的敵我雙方兵力對比上，中國人民志願軍步兵數量上雖然占有很大優勢，砲兵、坦克部隊和後勤保障工作也得到了部分加強，但雙方裝備優劣懸殊的狀況沒有改變，制空權、制海權完全掌握在美軍手裡。中國人民志願軍在白天仍無行動自由，部隊機動和物資供應均受到很大限制，因而難以充分發揮作戰效能。

從一九五一年夏季開始，雙方進入到邊打邊談階段。經過兩年零一個月的邊打邊談，交戰雙方於一九五三年七月二十七日在板門店簽定《朝鮮停戰協定》，結束了歷時三年的朝鮮戰爭。當時擔任「聯合國軍」總司令的馬克・克拉克上將後來在回憶錄裡說：「在執行我國政府的訓令中，我獲得了一項不值得羨慕的榮譽，那就是我成了歷史上籤訂沒有勝利的停戰條約的第一位美國陸軍司令官。我感到一種失望的痛苦。我想，我的前任，麥克阿瑟與李奇微兩位將軍一定具有同感。」

抗美援朝戰爭，是中國人民解放軍第一次在國境之外與外國軍隊的直接交鋒，而且對手又是世界頭號強國——美國。抗美援朝戰爭勝利的取得，不但提振了中國人民解放軍的士氣，同時激發了全體中國人民的民族自豪感。在對這一勝利無比自豪的同時，以毛澤東為首的中國軍政高層也清醒地看到了中國人民志願軍的不足和侷限之處：戰爭初期，志願軍多次包圍美軍團或團以上建制部隊，但全殲美軍建制團的戰例只有一個；由於後勤保障能力有限再加上美軍完全掌握制空權，彈藥和給養供應無法跟上，導致前方進攻部隊的攻勢僅能維持在一週左右，這也成為志願軍在抗美援朝戰爭初期階段的一大軟肋。如何適應和駕馭現代化戰爭，成為中國人民解放軍面臨的最大挑戰。

從戰爭中學習戰爭，是人民軍隊成長壯大的秘訣所在。在抗美援朝戰

▲ 一九五三年七月二十七日，「聯合國軍」總司令克拉克在停戰協定上簽字。

爭中後期，毛澤東和統帥部決定全國軍隊輪番入朝作戰，掌握現代化戰爭的第一手經驗。到抗美援朝戰爭停戰時，先後參戰的志願軍部隊已經達二九〇多萬人。至一九五三年八月，經受過抗美援朝戰爭鍛鍊的部隊占全軍部隊的比例，步兵為 70%以上，空軍為 41%，砲兵為 73%，裝甲兵 30%以上，高射砲兵為 60%以上，工兵為 57%，鐵道兵為 100%。

如此大規模、大範圍的輪換部隊、高級指揮員與指揮機關人員，不僅解決了進行抗美援朝戰爭所必須的人員補充問題，而且使更多的官兵接受了現代戰爭的洗禮。毛澤東對此形象地比喻道，「抗美援朝戰爭是個大學校，我們在那裡實行大演習，這個演習比辦軍事學校好。」

大規模換裝

在抗美援朝戰爭初期的長津湖一戰中，志願軍東線部隊第九兵團以十餘萬之眾將美軍海軍陸戰第一師和步兵第七師三萬餘人分割包圍。但由於天氣嚴寒和火力匱乏，最終被圍的大部美軍利用大砲和坦克的強大突擊火力衝出重圍。在前五次戰役中，類似的戰例多次出現。志願軍雖然士氣高昂、戰術得當，但當時一個軍配備的火炮數量尚且不及美軍一個團，裝備與美軍相差懸殊，這直接影響了志願軍的作戰能力。

▲ 志願軍在石硯洞北山的火箭炮陣地

受到震驚的解放軍統帥部決定，加速進口蘇式裝備和組建或擴編新的軍兵種部隊。一九五一年十月，中蘇兩國簽訂協定，確定蘇聯向中國提供六十個步兵師的裝備，同時提供各種兵器與彈藥首先是陸軍輕武器與彈藥的製造藍圖。到一九五四年，志願軍和國內的五十六個師用蘇式裝備進行了換裝。中國的各大兵工企業也利用蘇聯提供的藍圖成功地仿製了五十式衝鋒槍等槍械。雖然進口的蘇式槍械多為第二次世界大戰時蘇軍使用過的舊品，仿製的槍械性能也不如美軍現役裝備，但志願軍和國內部隊因此全部淘汰雜亂裝備，首次實現了全軍槍械型號統一。

從一九五〇年開始，中國先後從蘇連接收和進口各種火炮四千餘門，基本形成了團以下分隊以迫擊炮為主要裝備，步兵師以上部隊以加農炮、榴彈砲為主要裝備的火炮裝備體系，陸軍部隊的支援火力發生了根本性的變化。抗美援朝戰爭開始時，中國人民解放軍和中國人民志願軍所有的軍都沒有軍屬砲兵團和坦克團；到戰爭結束時，中國人民解放軍和中國人民志願軍幾乎所有的軍都在編制內有了軍屬砲兵團，有的還有軍屬坦克團和師屬砲兵團，個別的師還編有自行火炮團。

抗美援朝戰爭爆發時，空軍作戰部隊只有一個混成旅，通過引進和接收蘇聯裝備，到一九五四年年初，人民空軍已經發展為擁有二十八個航空兵師、七十個航空兵團、各型飛機三千餘架的強大空中力量，其中十二個團裝備了當時世界上最先進的米格-15 型和米格-15 比斯型噴氣式殲擊機，越過螺旋槳階段，直接步入噴氣式時代，實現了跨越式發展。

武器裝備的改善，直接表現為志願軍戰鬥力的提升。抗美援朝戰爭的最後一戰——金城戰役，志願軍砲兵部隊在二十八分鐘的炮火準備中即發射砲彈一千九百餘噸，步兵部隊在火炮和坦克的掩護下，僅用一個小時就

▲ 志願軍步兵在強大砲火配合下，攻上金城以西的 522.1 高地。

在三十公里正面全線突破了當面南朝鮮軍隊四個師的堅固防線，二十一小時完成了戰役進攻任務，收復土地一百六十多平方公里。到了一九五三年七月朝鮮停戰前夕，無論是防禦戰鬥還是進攻戰鬥，志願軍都展現出了強大的戰鬥力。

就在朝鮮戰爭結束的一九五三年，中國政府在編制第一個五年計劃時，決定新建和擴建七十九個軍工廠，利用蘇聯提供的技術大批仿製蘇式武器裝備。到五〇年代末，共仿製生產了一百多種制式武器。陸軍武器裝備當時已能生產一百毫米高射炮、一百二十二毫米、一百三十毫米、一百五十二毫米牽引和自行火炮以及五九式中型坦克和履帶牽引車等重裝備，初步實現了國產化和制式化。空軍和海軍武器裝備的仿製也取得進展。一九五四年仿製成功蘇式雅克-18 型初級教練機，結束了中國不能生產飛機的歷史。一九五六年仿米格-17 型殲擊機的殲-5 型飛機試飛成功，成為當時世界上少數幾個能製造噴氣式飛機的國家之一。一九五八年七月噴氣式殲擊教練機首飛成功，翌年四月又成功仿製米格-19 型殲擊機。海軍的專用裝備在五十年代基本完成了蘇聯提供的魚雷快艇、魚雷潛艇、護衛艦、獵潛艦、掃雷艦等的轉讓製造和半成品裝配，並能夠仿製部分艦艇。

「治軍必先治校」

一九五〇年十月二十三日是志願軍入朝作戰的第四天，就在前方軍情如火之時，毛澤東急電在重慶的解放軍高級將領劉伯承速來北京。原來毛澤東是要劉伯承來京商議從速組建陸軍大學事宜，毛澤東對此事極為重視，甚至將其稱為「中國人民建軍史上的偉大轉變之一」。

當時隨著空軍、海軍、防空軍、公安軍等軍種和砲兵、裝甲兵、工程兵、鐵道兵、通信兵、防化學兵等技術兵種的相繼成立，解放軍就由戰爭年代的步兵單一兵種逐步發展成為諸軍兵種合成軍隊。各軍兵種相繼建立，教育訓練全軍掌握現代軍事科學技術，學會諸軍兵種協同作戰的問題就成為當務之急了。於是解放軍統帥部決定，建立適應現代戰爭條件的正規學校。各軍兵種要新建自己的各級專業學校，全軍首先創辦一所教育訓練中、高級幹部的陸軍大學。

早年畢業於蘇聯伏龍芝軍事學院的劉伯承，指揮過大大小小無數次戰役，可謂戰功彪炳。早在紅軍時期出任總參謀長時，他就享有「軍內理論家」的美譽。在戰爭間隙他總是抓緊時間舉辦各種培訓班和學習班，「治軍必先治校」是他經常掛在嘴邊的一句話。因此，毛澤東等人視他為陸軍大學校長的不二人選。

劉伯承欣然受命。但他建議人民解放軍已經擁有了海軍、空軍等新的軍種，最高軍事學府的名稱不應侷限為陸軍大學，而以軍事學院為宜。在建議被採納後，劉伯承帶人在南京原國民黨陸軍大學校址的基礎上組建了南京軍事學院。

南京軍事學院是當時全軍唯一的一所綜合性高等軍事學府，陸續創立了很多系，空軍系、海軍系、裝甲系……還有政治系、基本系等。中央軍委曾下令，所有的部隊主官一律要經過南京軍事學院的培養。

▲ 一九五一年一月，解放軍軍事學院在南京成立。圖為院長兼政治委員劉伯承在開學典禮上講話。

劉伯承辦學遇到的困難幾乎史無前例，因為他的學員們文化水平總體上低到了今天人們所無法想像的程度：有的學員入學時只認識二百多個字，寫一句話有四五個錯別字。根據當時的一項統計調查，全軍戰士的文化程度，初小以下者占百分之八十。全軍一百二十萬多名的軍官中，文盲就占了三十萬之多，近四十萬人僅有小學文化水平。毛澤東為此提出人民解放軍「必須在今後一個相當時期內著重文化學習，以提高文化為首要任務」。

於是軍事學院的各系都設有預科，速成系半年，完成系一年，補習文化知識。後來曾出任北京軍區副司令員的蕭文玖在進軍事學院前，連一加一都不知道。為了進軍事學院學習，他在朝鮮時，專門拜保密員為師，從小學一年級學起，預科考試合格取得了高中畢業證書，才開始學習軍事專業。結果他不但合格畢業，還獲得了特別嘉獎。

▲ 海防官兵在軍事訓練間隙抓緊時間學習文化

蕭文玖的故事只是一個縮影。在當時的人民解放軍中，無論是中高級軍官還是下級軍官和普通士兵，都把學習文化知識、掌握現代戰爭知識視為自己的奮鬥目標，從而在全軍範圍內興起了一個學習文化和現代戰爭知識的熱潮。

一九五二年七月，在北京成立培養中高級後勤指揮軍官和專業勤務軍官的後勤學院。一九五三年一月十日，在南京成立培養步兵部隊中高級指揮員和政治工作人員的總高級步兵學校；同年九月一日，在哈爾濱成立培養現代軍事科學技術的各軍兵種軍事工程人員的軍事工程學院。到一九五三年，人民解放軍初步形成了比較完整的院校教育體系。

全軍院校經過數次調整，至一九五九年底共有院校一百二十九所。一個包括指揮、政治、後勤和專業技術院校在內的初、中、高級院校相銜接的軍事教育培訓體制初步形成，十年間全軍院校為部隊輸送了二十六點九萬多名幹部。

人民解放軍的「新政」

一九五二年秋天，就在朝鮮戰局陷於相持階段，奉調回國的中國人民志願軍司令員彭德懷開始全面主持軍隊工作。毛澤東對剛剛在朝鮮抗擊了世界頭號軍事強國的彭德懷寄予厚望，希望他能用自己的現代化戰爭經驗對人民解放軍進行大幅度的現代化改造。

在彭德懷看來，軍隊的現代化建設首先離不開正規化。朝鮮戰場上的一次經歷令他終生難忘：一次夜間行軍，很多車輛和步兵擠塞在一個路口，誰也不聽誰的。彭德懷本人親自出面疏導，也沒有任何效果。彭德懷由此確信，在戰場上不同建制、不同兵種的官兵共處一地時，有無軍銜或職務識別標誌對於戰鬥指揮是極為關鍵的一個因素。

而國內軍隊的一個基本情況也使彭德懷不得不給予重視：一九五三年時解放軍一個營長的伙食加津貼，只等於火車上一個新乘務員的薪金，等於一個較好的僱傭炊事員的薪金，低於汽車司機的薪金。團、營、連幹部生活很困難，已到了非解決不可的地步。彭德懷當時曾憂心忡忡地這樣評估道，「如果現在不實行薪金制，則數十萬以軍事工作為職業的軍人，將不可能以自己的薪金來贍養其家庭。」

從自己的切身體會出發，再加上身邊蘇聯顧問的強烈建議，彭德懷正式提出在解放軍內著手實行軍銜制和軍官薪金制。這一看似簡單的建議在當時卻需要一定的膽識和勇氣，因為這一在世界各國軍隊通行的制度不可避免地將對人民解放軍的固有傳統給予很大的衝擊。

人民解放軍的締造者毛澤東在總結人民軍隊發展壯大的奧秘時，自豪

▲ 毛澤東為元帥授勳

地聲稱「靠的是民主主義，軍隊內部的民主主義，就是官兵平等、士兵有說話的自由、廢除了煩瑣的禮節、經濟公開。」這也是人民軍隊的建軍宗旨之一。而軍銜制的核心就是通過禮節、符號等形式明確上下級關係，建立起一個高效執行的軍隊層級結構。軍官薪金制對於人民軍隊長期以來所堅持的供給製造成的衝擊也是不言而喻的。

實行軍銜制、軍官薪金制一方面是軍隊現代化、正規化所內生的必然要求，另一方面又對人民解放軍的固有傳統提出了某種挑戰。所以不難理解，它們的最終實現走過了一個較為漫長的時期。

一九五五年一月起，軍官薪金制首先正式推行。

一九五五年九月，人民解放軍開始實行軍銜制度，軍官軍銜分為四（元帥、將、校、尉四等）等十五級。朱德、彭德懷、林彪、劉伯承、賀龍、陳毅、羅榮桓、徐向前、聶榮臻、葉劍英授元帥銜，粟裕、徐海東、黃克誠、陳賡、譚政、肖勁光、張雲逸、羅瑞卿、王樹聲、許光達被授予大將軍銜。人民解放軍首次授銜，共授予元帥十名、大將十名、上將五十五名、中將一百七十五名、少將八百名、校官三點二萬餘名、尉官四十九點八萬餘名、准尉十一點三萬餘名。加上補授和晉陞，到

▲ 廣大青年踴躍報名服兵役

一九六五年取消軍銜制度時止，共授予上將五十七名、中將一百七十七名、少將一千三百六十名。

一九五六年，義務兵役制開始實行，改變了以往從紅軍時期就延續下來的志願兵役制。

實行三大國防制度，推動了人民解放軍編制體制合理化和軍事制度正規化。人民解放軍過去長期實行的戰時軍事共產主義體制最終被現代國家的武裝力量體制所替代。

一位副連長觸發的大練兵熱潮

一九六二年底，一位名叫郭興福的副連長開始率領他的士兵相繼到全國各地進行戰術訓練教學表演。他們新穎獨特、貼近實戰的戰術訓練，讓幾乎所有參觀學習的軍人們都發自內心地鼓掌與歡呼起來。郭興福和以他的名字命名的訓練法一時間成為人民解放軍中的熱門現象。後來主管軍隊訓練工作的葉劍英元帥專門將有關「郭興福教學法」的報告呈交毛澤東，毛澤東大加讚許，親筆批示在全軍範圍內推廣。

一個解放軍普通副連長總結出來的教學訓練法何以得到最高統帥的如此關注？答案要從五十年代中期人民解放軍開始推行的正規化軍事訓練來回溯。

一九五四年冬天，在渤海海峽南面的山東半島上，劉伯承親自組織了合成集團軍進攻戰役演習；第二年冬天，葉劍英又在遼東半島上組織了更大規模的三軍抗登陸戰役演習。兩個元帥出面連續組織大規模的三軍聯合演習，一時間掌握諸軍兵種聯合作戰的指揮藝術，成為衡量新時期指揮員的重要標

▲ 葉劍英在遼東半島陸、海、空三軍聯合抗登陸戰役演習中視察海軍艦艇部隊

▲ 實行三大制度後的官兵們以更加飽滿的熱情投入到訓練中去

準。確定以射擊、投彈、刺殺、爆破、土工作業等五大技術為訓練基本內容的陸軍基礎訓練也是進行得熱火朝天。

根據中央軍委頒佈的戰鬥訓練命令，一九五六年六月開始，全軍轉入正規化軍事訓練，即「統一編制、統一制度、統一指揮、統一紀律、統一訓練」。可以說，這一段時期人民解放軍實施的正規化軍事教學和訓練一直是以蘇聯軍隊作為範本的，但人民解放軍中的很多高級將領逐漸發現，中國人民解放軍與蘇聯紅軍無論在軍事戰略理念和武器裝備水平上，都存在著巨大的差異。他們認為，生搬硬套蘇聯的經驗，就會脫離實際，並不能真正有效地提高人民解放軍的戰鬥力。五〇年代末期，在軍內高層爆發了一場大爭論。最終，反對機械學習蘇聯經驗的呼聲占了上風。毛澤東主張「有什麼武器打什麼仗」，根據解放軍武器裝備的實際水平，今後軍隊的訓練應當立足於以劣勢裝備迎戰優勢裝備之敵的假設前提之上。在這種情況下，中央軍委要求從訓練內容到訓練方法進行一系列的改革和探索，以最大限度地貼近實戰。既強調基本軍事技能又重視思想政治工作的「郭興福教學法」，恰如其時地出現了。

一九六一年初，時任第 12 軍軍長的李德生將軍來到軍事訓練先進連——第 100 團 2 連，準備以抓典型的方法，把軍事訓練搞上去。

經過對 2 連和副連長郭興福考核後，李德生決定，在 2 連進行從單兵、小組到班戰術的訓練改革試驗。同時，確定了三名參加過解放戰爭和抗美援朝作戰的幹部任教練班長，其中郭興福教小組戰術。

經過四個月的訓練，李德生召集軍裡所有打過仗的營以上軍事主官，以戰場上的眼光來評判三個改革項目，對三個人的教學進行論證鑑定。大家提出了上百條建議和意見，認定郭興福的小組戰術教學改革比較成功。李德生最後說，其他兩個項目停下來，集中力量從單兵抓起，由郭興福任教繼續試驗；並決定軍裡抽調四個參謀幫助郭興福搞訓練改革。郭興福集中大家的智慧，一個動作一個動作地演練，並寫出了教學

▲ 葉劍英觀看郭興福教學方法表演

筆記，把教學中的方法、語言用文字詳細整理出來。

李德生決定讓郭興福到各師團的連隊去表演。郭興福的教學方法每到一處，就立即獲得好評。同時，郭興福每演一場，都要徵求意見，把別人的經驗變成自己的東西，改進自己的教學。郭興福的教學方法很快在十二軍內走紅了。

一九六四年一月，解放軍總參謀部決定以推廣郭興福式教學方法為契機，在全軍進行大比武以推動全軍訓練水平的提高。據統計，參加比武的有將近四萬人，神槍手、神炮手、技術能手如雨後春筍般在這場壯觀的大練兵熱潮中成批地湧現。

以一個人的名字命名一種訓練方法，這在人民解放軍的歷史上還是第一次。「郭興福教學法」作為一個時代的標識，不只是曾催生和推動了一場轟轟烈烈的大練兵運動，它所凝煉的訓練基本規律和基本方法即使在今天的人民解放軍中仍然發揮著影響。

國防尖端技術的突破——兩彈一星

一九五〇年十一月三十日，就在中國人民志願軍在朝鮮半島將以美國為首的「聯合國軍」打得倉皇撤退之際，美國總統杜魯門在華盛頓召開了一個記者招待會。杜魯門宣稱，將考慮動用一切手段來挽救朝鮮局勢，甚至不排除會在合適的時機授權戰場指揮官使用戰術核武器。

這是毛澤東和中國領導人第一次面臨來自美國的「核訛詐」。在幾年後的臺海危機和印度支那半島危機中，毛澤東和中國領導人又多次聽到了類似的威脅。

世界著名科學家、諾貝爾獎獲得者約里奧・居里曾讓人轉告毛澤東，「你們要反對核武器，自己就應該先擁有核武器」。到了一九五六年，毛澤東終於定下了決心：「我們還要有原子彈。在今天的世界上，我們要不受人欺負，就不能沒有這個東西。」

原子彈、氫彈的研製與試爆

原子彈屬於尖端武器，研製它需要雄厚的物質基礎和高端的科研人才作支撐。拿國力雄厚的美國來說，當時啟動代號為「曼哈頓工程」的原子彈研製計劃，就有十五萬人參加，十六項分支工程同步進行，規模可謂宏大。與之相比，一九五〇年代中期的中國科學技術十分落後，國家一窮二白。搞核武器談何容易？

中國決定選擇向蘇聯爭取援助的道路。蘇聯在對中國實施核工業技術援助的問題上，開始就答應得很不痛快，在具體的協議落實上則更是一波

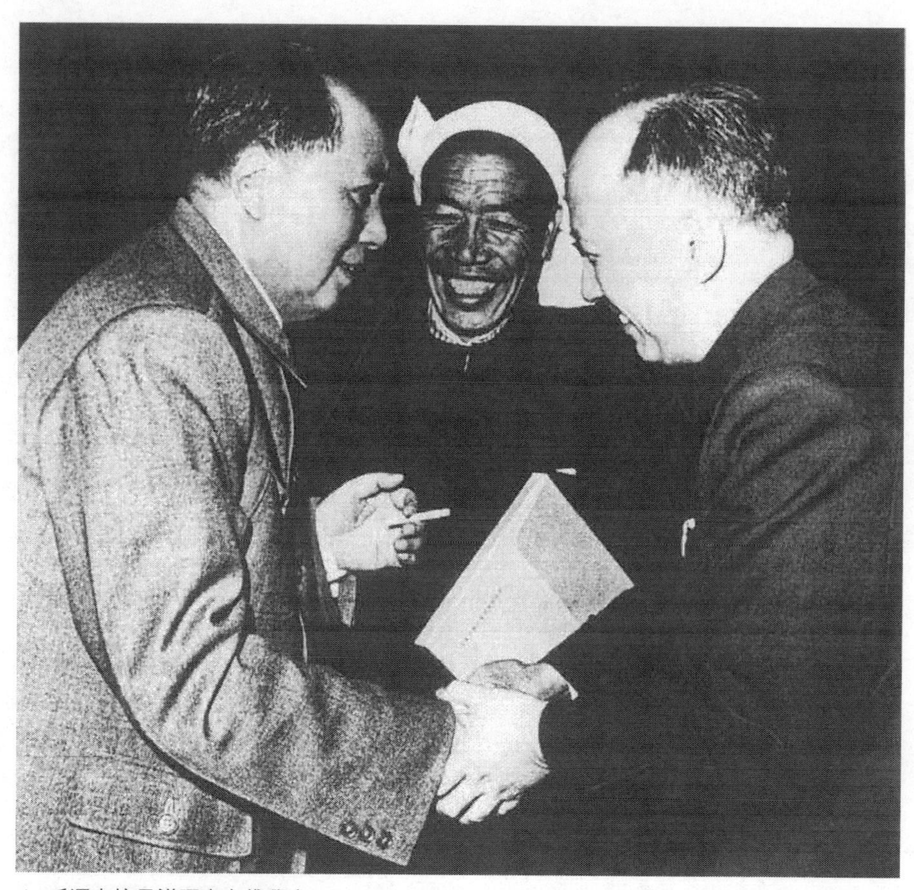

▲ 毛澤東接見導彈專家錢學森

三折。到一九五九年八月，蘇聯終於公開撕毀條約，徹底終止了對中國的核技術援助。一九六〇年，蘇聯撤走全部專家，帶走了重要的圖紙資料。中國從此進入了核技術真空狀態。於是，國際上就有人預言，「中國二十年也生產不出原子彈。」一時間，「尖端武器研製到底該上馬還是該下馬」的問題在中共高層內部爭論不休。經過反覆的思考，毛澤東還是堅持了最初的決定，並在一次重要會議上明確表態：「要下決心搞尖端技術。尖端

▲ 中國第一個爆轟實驗場

不能放鬆，更不能下馬。」

研製尖端武器，必須要有一支龐大的高級知識分子隊伍和一大批專家。對於這一點，中國的領導人十分重視，並早在新中國成立之前就開始了廣招國內外原子彈專家和導彈專家的工作。

錢學森是歸國學者中經歷最為曲折的一個。作為麻省理工學院的教授，錢學森曾隨導師馮・卡門參與「曼哈頓工程」的研製開發工作。當他提出回國申請後，立即遭到美國軍方的拒絕。在隨後的幾年裡，錢學森一家長期處在美國移民局和聯邦調查局特工的監視之下。一九五五年，中國政府通過艱苦的外交斡旋，終於迫使美國政府同意錢學森回國。美國加州理工學院院長李・杜布里奇博士十分懊喪地說：「我們知道，他不是回去種蘋果的。」

到上世紀五〇年代末，中國已匯集了一大批優秀的科學技術專家。

一九六〇年春，中國的原子彈研製工作正式展開。理論設計工作在彭桓武、鄧稼先和周光召等科學家的主持下進行。物理學家鄧稼先帶著十幾個年輕人，用僅有的幾台手搖計算機和「烏拉爾」電子計算機進行原子彈的總體力學計算，運算速度極慢，最快的也只有每秒幾百次。但是，研究人員硬是用這些落後的計算工具，創造出了人間奇蹟。在一年左右的時間裡，他們共對原子彈內部物質運動的全過程進行了九次計算，為原子彈的理論設計和力學計算打下了堅實的基礎。經過兩年多的艱苦努力，一九六三年三月提出了第一顆原子彈的理論設計方案。

研製原子彈的另一項重要的基礎性課題，就是爆轟物理試驗研究。當時的研究條件十分簡陋，為了爭取時間，王淦昌等科學家帶著他們的「中子炮隊」，就在臨時搭起的工棚裡，用普通鋁鍋熔化炸藥，用手工攪拌炸藥，用馬糞紙做成圓筒代替金屬模具，終於在一九六〇年二月澆鑄出第一個炸藥部件。一九六四年六月成功地進行了全尺寸的聚合整體爆轟試驗。由此，中國第一顆原子彈的關鍵技術問題都已被突破，研製者們已經看到勝利的曙光。

▲ 一九六四年十月十六日，第一顆原子彈爆炸成功。

在原子彈研製的關鍵階段，全國先後有二十六個部委、二十個省市區，包括九百多家工廠、科研機構、高等院校以及解放軍各軍兵種參加了攻關會戰。在尖端技術、專用設備和新型材料方面，僅中國科學院就有二十多個研究所參與。國防科委、冶金部、化工部、石油部、機械部、郵電部以及航空、電子、兵器等國防工業各部，外加清華大學、南開大學，解放軍各總部、各軍兵種、防化研究院、軍事工程學院、軍事醫學科學院等等，幫助解決了近千項課題。

一九六四年十月十六日十五時整，新疆羅布泊，大地發生強烈的震動，金光噴發，火球淩空。在山呼海嘯的巨響聲中，一朵巨大的蘑菇雲冉冉升起，直入雲霄。中國第一顆原子彈試驗成功！

當中國的核物理工作者準備著手研製原子彈的時候，美、蘇兩國的氫彈都已爆炸成功，這促使中國最高決策層也把目光投向了氫彈。

▲ 參加核試驗的工作人員在現場歡呼，慶祝第一顆原子彈爆炸成功。

「原子彈要有，氫彈也要快。」在慶祝中國第一顆原子彈爆炸成功的一次會議上，毛澤東興奮地對科技人員這樣說。

一九六七年六月十七日八時二十分，一架轟-6甲飛機在羅布泊上空打開了彈艙，中國自主研製的第一枚氫彈拖著白色的降落傘緩緩向大漠飄去。當氫彈降至二九六〇米的高度，距靶心三一五米時，突然發生了強烈的爆炸。頃刻間，一個巨大的火球在天空中閃亮，把天幕背後的紅日掩蓋在一片輝光中，彷彿兩個太陽掛在天空上。

從原子彈到氫彈試驗成功，美國用了二年三個月，英國用了四年七個月，蘇聯用了四年，法國用了八年半，而中國僅僅用了二年八個月。原子彈與氫彈相繼研製與試爆成功，使得中國不再受制於「大國俱樂部」間的政治博弈遊戲，使得一個長期積弱的國家不僅能有效地保護自己的安全，而且得以在國際社會發出自己的聲音。

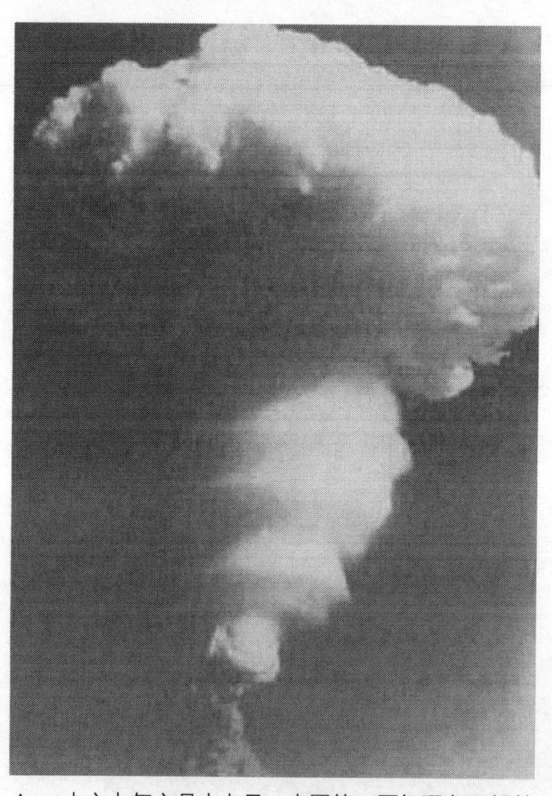
▲ 一九六七年六月十七日，中國第一顆氫彈在西部某地上空爆炸成功。

在一九六四年十月十六日中國首顆原子彈試爆成功的當日，中國政府就通過新華社向世界承諾

「中國在任何時候、任何情況下，都不會首先使用核武器」。在中國領導人的政治理念中，中國要成為核大國，但中國又要成為一個主持正義和對人類前途負責任的大國。雖然中華人民共和國當時還被排除在聯合國之外，雖然在信仰和價值觀上還存在著差異，但在世界政治舞台上，中國將會堅定地維護人類的共同利益。

人造衛星上天

一九五七年蘇聯人造衛星上天，舉世震驚。中國高層極為重視，指示中國科學院密切關注有關情況。中國科學院將研製人造衛星列為一九五八年的重點任務。

一九五八年十月，根據中蘇科學技術協定，由趙九章等科學家組成的「高空大氣物理代表團」到蘇聯考察，主要目的是考察衛星工作。由於中蘇關係已開始緊張，蘇聯單方面取消了科技合作協議，中國派出的代表團受到了冷遇。

在蘇聯雖然沒有達到考察衛星研製工作的目的，但蘇聯先進的工業和科技還是使中國的科學家們開了眼界。他們對比蘇聯和中國情況，意識到發射人造衛星是一項技術複雜、綜合性很強的大工程，需要有較高的科學技術水平和強大的工業基礎作後盾。代表團在總結中寫道，發射人造地球衛星中國尚未具備條件，應根據實際情況，先從火箭探空搞起。同時，應立足國內，走自立更生的道路。

由於縮短了戰線，中國很快在探空火箭研製方面有了突破性進展。一九六〇年二月，中國試驗型液體探空火箭首次發射成功。此後，各種不同用途的探空火箭相繼上天，有氣象火箭、生物火箭等。一九六四年六月，中國自行設計的第一枚中近程火箭發射成功；十月，爆炸成功了中國第一顆原子彈。此時，中國在衛星能源、衛星溫度控制、衛星結構、衛星測試設備等方面都取得了單項預研成果。

此時中國的科學家們覺得發衛星可以提上日程了。當年積極倡導中國要搞人造衛星的趙九章，提筆上書周恩來總理，建議開展人造衛星的研製工作。與此同時，知名科學家錢學森也上書中央，建議加速發展人造衛星。

一九六五年八月，國家總理周恩來主持中央專委會議，確定將人造衛星研製列為國家尖端技術發展的一項重大任務。因是一月份正式提出建議，國家將人造地球衛星工程的代號定名為「651」任務。全國的人、財、物遇到「651」均開綠燈，這樣中國衛星就從全面規劃階段，進入工程研製階段。

這個代號為「651」的會議上確定：中國第一顆人造衛星為科學探測性質的試驗衛星，其任務是為發展中國的對地觀測、通信廣播、氣象等各種應用衛星取得基本經驗和設計數據。發射時間定在一九七〇年。

早期發射衛星的運載工具，都是在導彈的基礎上發展起來的，放衛星實質上是展現一個國家的軍事實力。雖然中國衛星工程起步較晚，但專家們都認為中國的起點要高，第一顆衛星在重量、技術上要做到比美、蘇第一顆衛星先進。蘇聯第一個衛星重量八十三點六公斤，美國的第一顆衛星只有八點二公斤，中國第一顆衛星為一百七十三公斤左右。

蘇聯第一顆人造衛星的呼叫信號是嘀嘀噠噠的電報碼，遙測信號是間斷的。中國的衛星信號應該是什麼樣的？衛星總體組的組長何正華認為，中國應該超過蘇聯，發射一個連續的信號，且這個信號要有中國特色，全球公認。當時中央人民廣播電台對外呼號是「東方紅」樂曲，某種意義上「東方紅」也成了「紅色中國」的象徵，中國第一顆人造衛星最終取名為「東方紅一號」。

▲ 中國自行研製的系列衛星。

一九七〇年四月一日，載有「長征」1 號火箭和兩顆「東方紅一號」衛星的專列經過四天四夜的祕密旅程，開到了酒泉發射基地。四月二十四日二十一時三十五分，「長征」1 號運載火箭載著「東方紅一號」衛星騰空而起，按程序正常飛行，衛星準確入軌。發射十五分鐘後，即接收到衛星上播發的清晰嘹喨的《東方紅》樂曲。

第一顆衛星發射成功，使中國成為繼蘇、美、法、日之後世界上第五個獨立研製並發射人造地球衛星的國家。該星重量超過了前四個國家第一顆衛星重量的總和，在某些技術方面超過上列四個國家第一顆衛星的水平，中國從此邁入了探索太空的時代。

當時的中國還是一個窮國，之所以能在兩彈一星事業上異軍突起，處於世界的領先地位，就是能夠高效地集中國家的整體實力，把蘊涵在國民經濟各個部門中的潛力調動和挖掘出來，集中於一點，形成強大的攻關突破力量。原子彈既是一項科學研究，也是一項龐大的國家工程。在理論和技術上突破了，實現它的關鍵就看組織了。尤其是再加上上世紀六〇年代為民族獨立、國家富強而艱苦創業的團隊精神，奇蹟就這樣出現了。

若干年後，鄧小平擲地有聲地說道，「如果六〇年代以來中國沒有原子彈、氫彈，沒有發射衛星，中國就不能叫有重要影響的大國，就沒有現在這樣的國際地位。」

第五章

精兵之路：裁軍與轉型

二〇〇五年五月，人民解放軍南京軍區「臨汾旅」迎來了前來參觀的圭亞那國防軍參謀長科林斯准將一行。在參觀沙盤作業室、網絡學習室、武器展示庫等設施時，興致頗高的科林斯准將不停地拍照、記錄和提問。在隨後的一系列軍事表演中，科林斯准將手持望遠鏡，看得十分專注和投入，幾乎是一言不發。

「臨汾旅」被稱為「中國陸軍的窗口」，經常接待外軍同行。陪同的中國軍官有些奇怪，科林斯准將好像跟以往接待的外軍高級將領相比有些特別。

疑問很快就揭曉了。當科林斯准將與戰士們一起共進午餐交流的時候，他微笑著拿出幾張三十年前的老照片來。這是一九七五年一月，科林斯和他的同學們到「臨汾旅」觀摩、交流時留下的珍貴記憶。

「原來你們住的是平房，給我看的是刺殺操、投手榴彈、跳木馬，我也沒有機會和士兵交流……」，科林斯感慨萬千，「你們的變化太大了！中國軍隊的變化太大了！」

一九七五年科林斯所看到的中國軍隊，總人數規模達到了六百多萬，成為當時世界上最龐大的軍隊。軍隊整體上臃腫、官兵比例失調和現代化水平低下等問題十分突出。

隨著中國的改革開放和世界範圍內軍事新變革的浪潮，勵精圖治的中國人民解放軍也開始了一場新的「革命」， 走上了一條現代化的精兵與轉型之路。

大裁軍

就在科林斯第一次來到「臨汾旅」的一九七五年一月，中國人民解放軍的歷史上發生了一件意義深遠的大事件——鄧小平出任中央軍委副主席兼解放軍總參謀長。上任伊始，大刀闊斧的鄧小平立刻提出「軍隊要消腫。」

從一九七五至一九八四的十年裡，人民解放軍陸續進行了四次大的精簡調整，但軍隊總規模依舊過大。至一九八五年，人民解放軍軍費雖然只有一百九十一億元人民幣，僅占同年美軍軍費的百分之二，不及蘇聯軍費的零頭，但人民解放軍的員額依然有四百萬之多，是美軍的兩倍，與蘇軍

▲ 鄧小平在一九八五年中央軍委擴大會議上宣布減少軍隊員額一百萬的決定

持平。

時間來到一九八五年六月四日。鄧小平輕輕伸出的一根指頭震驚了世界——中國人民解放軍裁減員額一百萬。一根指頭與一百萬，就這樣永遠定格在中國人民解放軍和中國的現代史上。

「即使戰爭要爆發，我們也要消腫。」面對一些高級將領的疑慮，鄧小平如此堅定地表示裁軍的決心。鄧小平的決心來自於他的判斷：世界局勢整體正處於緩和，世界大戰一時打不起來。中國的大規模裁軍，不但服務於整個國家進行經濟建設的大局，還將會有力地推動世界和平。

一夜之間，人民軍隊有六十萬幹部被列為「編外」，陸軍部隊的建制單位有四分之一要撤銷，其中包括那些有著幾十年光榮歷史，立過赫赫戰功的部隊。一九八五年中國大地上軍營的記憶，充滿了凝重而悲壯的色彩：烏魯木齊市舉行一九八五年國慶閱兵，已接到撤銷命令的某師擔負了受閱任務。當士兵們腳踏每分鐘一百一十六次的節拍，把軍人的全部榮譽和情感化作整齊劃一的隊列從廣場通過時，女播音員激情的語調哽噎了——再過五天，這支部隊的番號就要從人民解放軍的序列中消失了！

八月，天津市遭遇特大海潮襲擊，剛交出指揮權的某師領導下達了最後一道命令：「部隊投入搶險救災，立即出動。」已經飲罷軍營告別酒，或者說剛剛成為老百姓的官兵們，在命令面前，軍人的天性復甦了，他們以最後的戰鬥，向駐地人民進行了特殊的告別……

百萬大裁軍從一九八五年下半年開始，採取先機關，後部隊、院校和保障單位的順序，自上而下地組織實施。其重點是機關和直屬單位，尤其是人民解放軍各總部、國防科工委、大軍區、軍兵種機關及直屬單位的人員精簡較多。同時，將大軍區由原來的十一個撤並為北京、瀋陽、濟南、

▲ 合成訓練演習中的陸軍野戰指揮所

蘭州、成都、廣州、南京等七大軍區。全軍經過撤併、改制等，減少軍級以上單位三十一個；撤銷師、團級單位四千零五十四個；縣、市人民武裝部改為地方建制；院校數量精簡百分之十二，軍事、政治、後勤三大學院合併成為國防大學；科研、工程技術、教育、文藝、衛生等系統的大部分現役軍官改為軍內文職人員。

精簡整編後，全軍機關、部隊編成比例發生了重大變化，全軍官兵比例由整編前的一比二點四五到一九八六年調整為一比三點三，陸軍野戰軍整編為諸兵種合成的集團軍。陸軍的專業兵種數量第一次超過步兵，砲兵成為陸軍中的第一兵種，裝甲兵成為陸軍的主要突擊力量。集團軍的火力、突擊力、機動力防護力和快速反應能力均有較大提高，整體作戰能力空前增強。同時，組建了陸軍航空兵、海軍陸戰隊、陸軍防空兵等一大批新的兵種，騎兵、司號兵等不適應現代戰爭的兵種和專業被取消。集團軍的組建，標誌著人民解放軍的現代化、正規化建設進入了一個嶄新的階段。

一九八七年四月四日，中國人民解放軍副總參謀長徐信在一次中外記者招待會上宣布：「中國人民解放軍精簡整編的任務已基本完成！裁減員額一百萬後，軍隊的總員額為三百萬。」

聯邦德國的《波恩評論報》這樣評價道：「大家都在談裁軍，可是迄今為止只有中國人言行一致」。就人員數量而言，這可以說是二十世紀八〇年代世界上最大的裁軍行動，整個國際社會都感受到了中國立足和平與

▲ 新組建的陸軍航空兵，為陸軍插上了鋼鐵翅膀。

發展，開拓精兵之路的氣魄。

上個世紀九〇年代末期，中國又裁減軍隊員額五十萬，使中國軍隊規模降至二百五〇萬的水平。

二〇〇三年九月至二〇〇五年底，人民解放軍再次裁減員額二十萬，軍隊總員額下降為二百三十萬。海軍、空軍和第二砲兵等高技術軍兵種占全軍總員額的比例提高了百分之三點八，陸軍部隊的比例下降了百分之一點五，砲兵、裝甲兵、防化兵、通信兵等兵種部隊在陸軍中所占比重已超過七成。

四百萬至三百萬至二百五十萬至二百三十萬，這個裁減規模在世界上是少有的，充分體現出中國對軍控與裁軍事業的堅定信念以及愛和平、求發展的真誠願望，顯示出中國奉行獨立自主和積極防禦性國防政策的決心，以及走中國特色精兵之路的信心。

機械化之路

上千輛坦克、自行火炮和裝甲運兵車發出低沉的轟鳴，驚醒了沉睡已久的戈壁與荒漠。一九八六年夏天，剛剛成立兩年多的中國人民解放軍第一支機械化集團軍開進中國內蒙北部的朱日和地區，進行了建國以來動用坦克和裝甲車輛最多的一次實兵檢驗性大演習。

這場實兵大演習使用了中國陸軍當時擁有的幾乎全部最新裝備。更不同尋常的是，微波傳輸攝像機時刻對著指揮演習的軍長，陣地通話器把軍長的每句話都實時傳到司令部各部門。來自總參和北京軍區的高級將領們在演習導演部裡密切地注意著每一個細節。

▲ 集團軍編成內的機械化步兵。

這場演習受到高層的如此關注，是因為它將決定人民解放軍第一個機械化集團軍的試點是否成功，決定著當時人民解放軍陸軍向機械化的轉型方向。

機械化，這一不帶任何感情色彩的中性詞彙裡，寄託著人民解放軍從最高統帥到普通士兵幾代軍人的願望和夢想。

一九五〇年，在抗美援朝戰爭第四次戰役關鍵的砥平裡一戰中，志願軍集中八個團的優勢兵力將美軍第 2 師 23 團和一個法軍營合圍。美軍增援部隊二十多輛坦克衝進砥平裡，會合被圍的二十多輛坦克協力進行防守。志願軍連續攻擊兩夜未果，只能退出戰鬥。在匆匆撤退的隊伍中，有人發出了激動的低吼，「什麼時候我們能有自己的裝甲部隊？」

「氣多鋼少」，這就是當時志願軍的現實。在初期入朝作戰的六個軍中，不要說坦克和裝甲車，就是卡車也只有一千多輛，大部分還被美軍空襲所破壞。步兵仍然是是徒步作戰，僅有的一百多門火炮大多只能通過牲畜或者人力來馱運。在機動性和火力上，與對手相差太過懸殊。

毛澤東決定，「要在戰鬥中建設裝甲兵」。一九五〇年九月新組建的裝甲兵司令部緊鑼密鼓地加快了裝甲兵培訓和裝備引進工作，陸續建成了三個坦克師、三個獨立坦克團和若干自行火炮團。一九五一年三月，第一批裝甲兵部隊進入朝鮮。在一九五一年的夏季防禦戰中，志願軍的戰鬥序列中第一次出現了裝甲兵。

一九五二年六月，剛剛代理志願軍司令員兩個月的陳賡大將，被毛澤東一紙急電調回國內從速組建解放軍軍事工程學院。「……我們的陸軍、空軍和海軍都必須有充分的機械化的裝備和設備」，最高統帥對於機械化的殷切熱望在他給解放軍軍事工程學院的題詞中一覽無餘。

▲ 坦克部隊入朝作戰

在入朝參戰的二年零四個月中，中國的裝甲兵共參加大小戰鬥二百四十六次，出動坦克九百九十八輛次，毀傷敵人坦克七十四輛，摧毀敵人火炮二十餘門、地堡八百六十四個。當時戰場上敵我坦克數量之比是十比一，而且美軍坦克性能上要優越很多，剛剛組建起來的中國裝甲兵部隊第一次投入實戰能取得這樣的戰績已經實屬不易。

朝鮮戰爭結束後不久，裝甲兵部隊被編組為坦克師、機械化師、獨立坦克團和步兵師屬坦克自行火炮團，形成了直屬統帥部和軍區建制的「獨立坦克部隊」和軍以下部隊建制的「隊屬坦克部隊」並存的體制。隨著「五九式」坦克和其他一系列輕型坦克、水陸坦克和裝甲輸送車的研製成功和投產，裝甲部隊的規模不斷擴大。至一九八〇年，人民解放軍已裝備各種坦克近萬輛，在數量上僅次於蘇聯和美國，居世界第三位。

但這時人民解放軍的大量步兵卻依然停留在傳統的「騾馬化」水平上。陸軍的大量師、團、營、連都還有軍馬和馬廄，並編制有專門馭手班，當兵趕馬車在當時司空見慣。高高的草垛是軍營的象徵，重武器裝備和給養靠軍馬運輸，營指揮員配備乘馬……而且所謂「騾馬化」，只是重機槍、火炮、指揮員和騎兵享受了騾馬待遇，步兵仍然靠徒步的方式。

二戰之後將近四十年裡的歷次局部衝突和戰爭已經證明：僅憑坦克單獨已經不能取得現代化戰場的優勢，必須要有步兵戰車、裝甲輸送車、自行火炮、工程支持車輛等裝備形成的諸兵種配合。二十世紀八〇年代初，很多發達國家的軍隊已經實現了以內燃機和渦輪機為動力、以履帶為機動式樣的「機械化」，軍隊的機動能力、防護能力和諸軍兵種的合成化得到了前所未有的加強。

而當時人民解放軍僅僅擁有裝甲輸送車二千餘輛，坦克救護車七百餘輛，修理工程車一千餘輛，步兵戰車還停留在設計圖紙上……環顧周邊國家，除柬埔寨、老撾、緬甸等幾個較小的國家，其餘國家軍隊的機械化程度都高於中國一至六倍。

人民解放軍最高統帥鄧小平以他特有的坦率說道，「要承認我們軍隊的現代化水平還很低。」他提出第一步要先搞些合成軍、合成師，加強合成訓練。

一九八五年七月，就在裁軍一百萬的同時，人民解放軍陸軍軍統一改編為集團軍，各軍區的獨立裝甲兵部隊全部編入合成集團軍編制。通過改編和發展，集團軍編成內的各軍兵種的火力、突擊力和機動作戰能力都大大超過了原陸軍軍，全軍實現了摩托化。「騾馬化」從此退出了歷史舞台。

機械化部隊在演習中

在實現「摩托化」的同時，人民解放軍大踏步開始了「機械化」的進程——

一九八四年，中國人民解放軍第一個機械化集團軍在北京軍區誕生。

一九八五年，陸軍序列中新增了以機械化步兵為主體、主要遂行戰略突擊任務的機械化步兵師。

進入八〇年代，遂行應急機動作戰任務為主的輕型機械化步兵部隊和以兩棲突擊為主的兩棲機械化步兵部隊相繼組建。各坦克師逐步被改造為裝甲師，並且在團一級實行了合成編制，加入了自行砲兵，裝甲步兵等。

二〇〇三年，一大批摩托化部隊被改造成為機械化步兵師和機械化步兵旅，新的機械化步兵學院誕生。

……

在今天人民解放軍的十八個集團軍中，機械化部隊數量已經超過摩托化部隊，實現了半機械化。按照既定規劃，到二〇二〇年，人民解放軍將會實現全部機械化。一個幾代人的願望和夢想已不再遙遠。

信息化的挑戰

明碉暗堡星羅棋佈，塹壕、暗溝縱橫交錯，三角錐、鐵絲網層層構設……

空中，十多個機種的航模群穿雲破霧，各種飛機輪流編組，實施攻擊、布雷、撒毒、偵察等戰術作業；地上，幾十種激光武器發出的耀眼光束，交會成一道道火力屏障。

占據了演習導演大廳整個一道牆面的巨型 LED 顯示屏，通過三十餘套固定或移動攝像、微波、光端、GPS 等技術設備組成的立體監控系統，隨時把交戰雙方的蛛絲馬跡顯示出來。評估人員則可以根據計算機顯示的各種數據掌握戰場態勢，對參演部隊的火器受損、兵員傷亡、人員定位、戰鬥進程一目了然。

在一九八〇年代見證了中國人民解放軍陸軍向機械化轉型實驗的北京軍區朱日和合同戰術訓練基地，已經從昔日的戈壁荒漠建設成為亞洲最大、中國最現代化的合同戰術訓練基地。

這個正在以信息化為主導思想進行建設的基地保持著多項中國軍隊的第一紀錄：第一個建成陸軍複雜電磁環境應用系統；第一個建立用於實兵對抗的信息化藍軍部隊；第一個成建制在兩個團從單兵武器至所有主戰裝備上安裝激光和模擬對抗交戰系統進行演練；第一個實時採集實兵演習數據並拿出第一份數據分析報告；第一個開放中國軍隊合同戰術訓練基地並邀請外軍觀摩實兵對抗軍事演習……

自上世紀九〇年代以來，上千名軍師旅團指揮員率數十萬名官兵在這裡接受了信息化條件下的軍事訓練。「建設信息化軍隊，打贏信息化戰爭」開始成為進入二十一世紀後中國軍隊軍事訓練的指導方針。

人民解放軍正在面臨新的轉型和新的挑戰。

上個世紀九〇年代，就在人民解放軍還在逐步向半「機械化」過渡的同時，世界新軍事變革的浪潮來臨了。一九九一年一月，海灣戰爭爆發。這場戰爭生成了人類歷史上一種嶄新的戰爭模式。

海灣戰爭前，包括中國在內的世界上大多數國家軍隊，仍然延續著二戰以來的「地面制勝」理論。海灣戰爭讓幾乎全世界各國的軍隊都切實感受到信息化技術的威力。

海灣戰爭結束後，中國軍內的各個層次召開了大大小小數百次研討會。人民解放軍的一位戰略研究員這樣總結道，「發達國家與發展中國家的軍事技術形態又出現了又一輪『時代差』。歷史上西方列強以洋槍洋炮對亞非拉國家大刀長矛的軍事技術優勢，正在轉變為發達國家以信息化軍事對發展中國家的機械化半機械化軍事的新的軍事技術優勢。」

未來戰爭的小型化已成為不可逆轉的趨勢。二戰時期數千輛坦克、上百萬人集團作戰將不復存在。縮小軍隊規模，走信息化之路成為人民解放軍的必然選擇。

人民解放軍上上下下開始認識到，必須改變以陸軍為主的傳統習慣，把軍隊建設重點轉向發展海、空軍和第二砲兵，形成適應信息化戰爭需求的作戰能力。

按照新的形勢要求，人民解放軍重點裁減了陸軍普通兵種，增大海空軍比例，加強了海空軍及陸軍技術兵種、專業隊伍和快速反應部隊，以及軍隊的合成建設。同時在多次裁軍基礎上，成立總裝和各級裝備部門，初

▲ 利用信息化裝備進行實地偵察

步建立總後領導下的聯勤體制，改變了三軍分散獨立的保障體系。

人民解放軍的軍事訓練、演習也向著實戰化、信息化、複雜化方向轉變，跨戰區、跨軍兵種，全天候、全時段、全地形演練全面鋪開。

二〇〇六年六月人民解放軍全軍軍事訓練會議為人民解放軍的軍事訓練確定了主基調——推進機械化條件下軍事訓練向信息條件下軍事訓練轉變。

二〇〇八年九月二十五日，來自三十六個國家的一百一十多名軍事觀察員和軍官觀看了在朱日和合同戰術基地舉行的一場實兵對抗演習。在演習中扮演藍方的某坦克團是人民解放軍第一批「數字化」部隊之一，從二〇〇一年擔負信息化試驗試訓任務至今，這個團次扮演「藍軍」參加實兵對抗演習二十餘場，不論對手是摩托化步兵旅、機械化步兵旅還是機械化步兵師，罕有敗績。

在演習過程中，一隊白色特種車輛格外醒目。這支車隊出現在哪裡，哪裡的部隊就會出現「麻煩」：電台失靈、雷達迷茫、指控中斷……演習結束，一則消息被廣為轉載：中國軍隊首個陸軍複雜電磁環境應用系統，第一次成功用於實戰礪兵。外軍觀察員如是評論：兩個月前，中國軍隊剛剛頒發了新一代《軍事訓練與考核大綱》，要求強化複雜電磁環境下訓練，朱日和基地的演習表明，他們已經邁出了第一步。

從徒步化、騾馬化、摩托化、半機械化、機械化到信息化，中國軍隊一直沒有停止過追趕世界軍事變革的步伐。

裝備的跨越式發展

一九八一年春天，在討論一九八一財政年度國防經費預算的中共中央政治局擴大會議上，剛剛出任軍委主席的鄧小平不緊不慢地說，「我當軍委主席的第一道命令，就是砍軍費二十七億！國民經濟不上去，軍隊建設也不行。軍隊的同志要忍耐，你們有意見沒有？」

一九八〇年中國軍費的總開支是一百八十五億元，裁減軍費二十七億就意味著原來就比較捉襟見肘的經費預算還要消減將近百分之十五。鄧小

▲ 新型主戰坦克冬季戰術訓練

平的講話在軍隊高層傳達後，高級將領們在擁護之餘，又切切實實感受到了一種前所未有的壓力。

當時中國武器裝備方面除了有「兩彈一星」這種集中科研力量保障的少量尖端武器外，其餘裝備還基本屬於仿照蘇聯五十年代裝備的水平。當世界軍事強國開始了新一輪技術升級進入到第三代時，中國的絕大部分主戰裝備如坦克、戰鬥機還停留在二戰後的第一代水平上。軍隊要實行現代化，首先在裝備上要升級和更新，但經費實在是太緊張了。

在七十年代末期和八十年代初期，隨著中國改革開放的起步和與西方國家關係的逐步發展，當時中國的有關部門曾設想過成批購買西歐的先進裝備為部隊實行換裝，如陸軍一度準備購買西德的「豹-2」坦克和反坦克炮，海軍曾洽購英國的 42 型驅逐艦並想引進技術改造自己的 051 驅逐

▲ 新型彈槍結合自動打擊平台

艦，空軍則商議購買英國的「鷂」式和法國的「幻影」戰鬥機。不過西方軍工企業只熱衷推銷武器成品，不肯轉讓核心技術，要價非常之高。當時有人計算，如果購買西歐的裝備為解放軍全面換裝需要數百億美元，若使國內的軍工體系再由仿蘇式更換為歐美系列花費更要加倍。

從一九七九年到一九八九年，中國國防費平均年增長為百分之一點二三，與同期全國居民消費價格總指數平均上漲百分之七點四九相比，實際年平均負增長百分之五點八三，軍費滑到谷底，困難可想而知。

如何利用有限的經費來發展武器裝備？經過充分的討論和認證，解放軍高層確立了「收縮戰線，發展重點」的方針。八〇年代初期的馬島戰爭和阿以衝突讓解放軍高層認識到，未來戰爭的形式和過去不一樣了，裝備發展的中心也要改變，要把有限的經費優先發展高技術裝備。研製「運用於 2000 年作戰環境」的第三代主戰裝備被列為當務之急，99 式主戰坦克、殲-10、空中預警機、加油機、新型驅逐艦等項目開始上馬。

一九九八年四月，中國人民解放軍的序列中赫然出現了一個新的總部——總裝備部，延續了四十多年之久的三總部體制被打破。世界上絕大部分國家軍隊基本是後、裝一體化，人民解放軍之所以成立總裝備部，是因為武器裝備發展中面臨的一些迫切問

▲ 前衛 18 系列防空導彈

題，需要一個專職機構來進行統籌計劃和管理。

當時國防科技和武器裝備工作由軍方的很多部門與政府機構分散管理，這種管理體制導致部門間分工不明確，協調困難化，一年裡最多時甚至要召開一百多次聯席協調會。總裝備部成立之後，從武器研製、採購到維修、報廢的整個生命週期尤其進行集中管理，大幅提升了人民解放軍武器裝備研製和生產的計劃性和效率。

早在一九八〇年代，鄧小平在告誡軍隊要忍耐的同時，他還意味深長地說道，「四化總得有先有後。軍隊裝備真正現代化，只有國民經濟建立了比較好的基礎才有可能。」進入二十一世紀後，中國國內生產總值接連突破十萬億元、二十萬億元、三十萬億元，雖然軍費占國家 GDP 總值的比例在世界主要國家中依然偏低，但較之過去實現了不小的增幅。另一方面，中國在一九八六年啟動的「863 高技術研究發展計劃」項目經過長期孵育後開始發揮效能，機械化、電子化、信息化水平逐步與國際先進水平接軌，實現了大幅跨越性發展。

由於國內科技水平得到躍升和國防投入增加，軍工科研終於得到了從未有過的良好保障，武器研製有了快速發展。每年幾乎都推出一些重大的軍工科研成就，尤其是彌補了過去基礎研究的眾多弱項，在航空、航天、船舶、兵器、軍用電子、工程物理等高技術領域取得了一大批具有世界先進水平的成果。

解放軍陸軍第三代坦克批量裝備部隊，先進的野戰防空裝備、遠程火力突擊裝備也大量生產；國產第三代戰機「殲-10」等列裝航空兵後形成了以第三代戰機為骨幹的空中武器裝備體系；世界先進水平的防空反導裝備研製成功，加上先進的空空導彈、空地導彈，又使空軍逐步具備攻防兼備作戰能力；國產新型導彈驅逐艦、導彈護衛艦大量列裝，使海軍先進艦艇數量具備一定規模，並配備各種先進艦載武器系統，極大增強了防區外打擊能力和編隊防空能力；第二砲兵部隊開始裝備機動的戰略核導彈，已具備核常兼備、懾戰並舉的作戰能力；解放軍信息支援能力日益提高，電子戰水平也有了極大提高。

中國軍隊建設帶來的裝備更新換代，已經逐步形成具有本國特色的機械化與信息化復合發展的武器體系，在某些領域裡躋身於世界先進行列。

新中國成立六十週年天安門閱兵，是對新中國武器裝備發展的一次大檢閱。參閱部隊在地面有三十個裝備方隊，展示的武器數量超過以往歷次國慶閱兵，而且性能也有了新的跨越，並能充滿自信地公布了型號和部分性能。

向「一體化保障」轉變

自二〇〇九年二月起，北京軍區和解放軍一些總部機關的官兵們相繼領到了一張軍人保障卡。官兵持有「軍人保障卡」，基本實現了後勤供應保障「一卡通」。過去官兵就醫、領服裝、接轉供應關係等，需到眾多部門辦手續，有的往返數百公里，現在一張卡簡便了各種手續，成為後勤保障領域四通八達的「通行證」。

保障卡系統中的資源為各業務部門共享，隨時提供詳實可靠、實時保鮮的數據。機關參謀過去一個人統計一次戰勤實力，需要分別與上級基地的戰勤、軍務、機要等六個業務單位進行對口聯繫，至少需要半個月。如果用軍人保障卡系統，不到十分鐘就能完成工作了。

▲ 空軍某場站為陸軍代供油料

一張小小的「軍人保障卡」，預示著解放軍改變傳統保障模式的步伐正在加速……

「小米加步槍，倉庫在前方。」這個有著一定幽默色彩的順口溜，是對人民解放軍早期後勤保障特點的生動描述。在半個多世紀之前的國內戰爭中，人民解放軍獲得物資給養的途徑基本是靠就地籌措，武器裝備則是取之於敵。在一九四八年的淮海戰役中，有五百四十萬之多人民群眾為解放軍運送糧食和各種物資，平均九個群眾供應前線一個士兵。這一人民戰爭特色十足的後勤保障方式為人民解放軍史詩般的勝利做出了巨大的貢獻。

在一九五〇年代的朝鮮戰爭中，人民解放軍的這一傳統受到了挑戰。由於在境外作戰，就地籌措物資已無可能。再加上美軍空襲的破壞，前線部隊的彈藥和給養經常是難以為繼。人民解放軍開始認識到，後勤是現代戰爭的瓶頸，專業化後勤部隊的重要性並不亞於一線戰鬥部隊。在志願軍的序列中開始出現了後勤司令部。

自一九五一年夏天起，美國空軍信心滿滿地計劃用空中「絞殺戰」徹底癱瘓志願軍的戰區供應，在僅僅一千公里的鐵路線上就投下了將近十萬

▲ 炸不垮的志願軍鐵路運輸線

噸炸彈。在這種高密度的轟炸下，志願軍鐵路運輸量卻逐月增加。志願軍後勤部隊曾在一條單軌鐵路上創造了一夜開往前線四十七列火車的世界記錄，相當於和平時期行車數的二點五倍。志願軍後方鐵道部隊、工程部隊、運輸部隊、公安部隊、高射砲兵、航空兵、兵站倉庫、醫院緊密協同，以精密的組織和計劃對付美國人的先進科技，將各種裝備和物資源源不斷地通過各種方式送到前方，創造了現代戰爭史上的後勤保障奇蹟。志願軍最高統帥彭德懷說，至少得把一半以上的功勞算到後勤頭上；戰場上的對手美國人說，真不知道中國人是怎麼做到的。

在總結朝鮮戰爭後勤經驗和借鑑蘇聯模式的基礎上，上世紀五〇年代人民解放軍的後勤保障逐步形成了諸軍兵種按建制垂直保障的後勤保障體制。三軍按建制垂直保障，實質上就是自成體系、各自為陣。在這種三軍分供的體制下，在同一個地區各軍兵種會本著求全求大的原則建造自己的倉庫、醫院、油站等後勤設施，「隔壁醫院」、「對門倉庫」的現象層出不窮。重複建設、資源使用不合理、保障效益低下的弊端日益顯現。

二十世紀九〇年代，一場源自發達國家軍隊的「後勤革命」給人民解放軍帶來了不小的震動。海灣戰爭中，美軍首次採用了越過戰區、集團軍後勤，直接將物資從美國本土保障到前線軍、師後勤。到九〇年代中期，美軍在總結海灣戰爭後勤保障經驗的基礎上甚至提出了「無縫隙後勤」的概念。其他一些國家相繼做出反應，九〇年代末，俄羅斯開始建立大聯勤系統，對全國所有武裝力量實施聯勤保障；英國也顛覆了歷史悠久的各軍兵種分工保障傳統，建立起了統管三軍後勤保障的總部。

要適應高技術條件下聯合作戰形式的變化和滿足作戰保障需求，後勤保障體系實現一體化已是必然的選擇。人民解放軍在世紀交替之際也開始了自己的「後勤革命」：

一九九八年，中央軍委決定建立區域保障與建制保障相結合、統供與分供相結合的三軍聯勤保障體制。當年，中國人民解放軍各大戰區的後勤部改為聯勤部。

二〇〇〇年，全軍實行以軍區為基礎的聯勤體制。

二〇〇四年，在濟南戰區進行大聯勤改革試點。

二〇〇七年四月，濟南戰區率先在全軍正式實行大型聯合後勤，此舉標誌著中國軍隊的戰役後勤保障力量開始從各軍種長期「自建自享」走向「集中統管，三軍共有，三軍共用」。

大聯勤的效率優勢很快在建國以來最大的一次非軍事行動中得到了充分的體現。

二〇〇八年五月十二日，汶川發生特大地震。人員傷亡，橋樑坍塌，道路損毀，通訊中斷……震後不到兩小時，聯勤指揮機關迅速啟動軍交保障應急預案。空中投送、鐵路運輸、摩托化機動、水路載送……震後九十六小時內，從全國各地緊急抽調的十一萬大軍，全部抵達四川災區投入救援工作。隨後，食品、藥品、帳篷、發電機組等大量救災物資，通過一條條「綠色生命通道」，源源不斷運達災區。

在汶川特大地震抗震救災中，軍隊後勤承擔任務之重、反應速度之快、投入兵力之多、補充物資數量之大，在解放軍非戰爭軍事行動史上是空前的。救災大軍來自全軍十一個大單位、二十多個專業兵種，建制、類型、地域各不相同，由成都軍區聯勤部統一指揮三軍保障力量，統一呈報三軍保障需求，統一分配三軍保障資源。總後向成都軍區聯勤部派出協調組，及時協調聯勤保障。聯勤體制得到了近似實戰的檢驗。

▲ 「衛勤使命 2009」演習野戰醫院展開救治

按照二〇〇七年中央軍委頒發的《全面建設現代後勤綱要》，除了保障體制一體化之外，人民解放軍的後勤工作還要在保障方式社會化、保障手段信息化和後勤管理科學化上尋求大的突破，在二〇二〇年前基本完成建設現代後勤的任務。

正如中國國防白皮書指出的，人民解放軍的現代化建設正沿著一個清晰的「三步走」路線圖前進：第一步，到二〇一〇年打下現代化的堅實基礎，這一步已經順利完成。第二步到二〇二〇年前基本實現機械化，並使信息化建設取得重大的進展。第三步就是到二〇五〇年之前，基本實現軍隊國防的全面現代化。

第六章

軍兵種構成：從單一步兵到合成軍隊

中國人民解放軍是一支以陸軍為基礎，逐步成長為軍兵種齊全的現代作戰力量。最初於一九二七年八月一日成立，後來又分別於一九四九年四月二十三日、十一月十一日成立海軍和空軍，一九六六年七月一日組建第二砲兵。目前，解放軍由陸軍、海軍、空軍三個軍種和第二砲兵一個獨立兵種組成。

陸軍主要擔負陸地作戰任務，目前沒有設置獨立的領導機關，領導機關職能由總參謀部、總政治部、總後勤部、總裝備部四總部代行，瀋陽、北京、蘭州、濟南、南京、廣州、成都七個軍區直接領導所屬陸軍部隊。陸軍由步兵、裝甲兵、砲兵、防空兵、陸軍航空兵、工程兵、防化兵、通信兵等兵種及電子對抗兵、偵察兵、測繪兵等專業兵組成。

陸軍按其擔負的任務還劃分為機動作戰部隊、警衛警備部隊、邊海防部隊和預備役部隊等，實行集團軍、師（旅）、團、營、連、排、班體制。集團軍由師、旅編成，隸屬於軍區，為基本戰役軍團。師由團編成，隸屬於集團軍，為基本戰術兵團。旅由團、營編成，隸屬於集團軍，為戰術兵團。團由營編成，通常隸屬於師，為基本戰術部隊。營由連編成，通常隸屬於團或旅，為高級戰術分隊。連由排編成，為基本戰術分隊。

步兵

步兵是陸軍中徒步或搭乘裝甲輸送車、步兵戰車作戰的兵種。包括徒步步兵和摩托化步兵、機械化步兵（裝甲步兵）。主要以步槍、機槍、火箭筒、輕型火炮、反坦克導彈、防空火器、汽車、裝甲輸送車和步兵戰車為基本裝備。主要擔負近戰中殲滅敵人，奪取或扼守地區、陣地的任務。可搭乘直升機、登陸工具，遂行機降、登陸作戰任務。

中國人民解放軍在長期革命戰爭年代，一直以徒步步兵為主要作戰力

▲ 解放軍機械化步兵師

▲ 解放軍數字化步兵

量。早在中國工農紅軍發展的鼎盛時期，步兵占百分之九十五以上，「徒步化」是當時步兵的重要標誌。抗日戰爭時期，中國共產黨領導的八路軍、新四軍、東北抗日聯軍仍然是步兵打天下。這一時期，部隊的裝備和待遇有了很大改觀，但基本上是「小米加步槍」的水平。解放戰爭初期，人民解放軍開始從「徒步化」向「騾馬化」過渡，騾馬成為牽引重裝備的主要運力。一九六九年二月，人民解放軍開始組建摩托化步兵師和摩托化步兵軍。一九八五年，解放軍全部實現「摩托化」。「摩托化」步兵師編有摩托化步兵團、坦克團、砲兵團和工兵、通信兵等兵種分隊。一九八四年四月，人民解放軍誕生了機械化集團軍。在一九九七年和二〇〇三年兩次大裁軍中，一大批機械化步兵師（旅）紛紛從摩托化部隊中脫穎而出。這一時期，輪式車輛大量減少，坦克、裝甲車、步戰車和履帶式自行火炮的數量大幅度增加，裝甲兵成為人民解放軍陸軍的主要突擊力量。到二十一世紀初，人民解放軍已建立若干機械化集團軍、機械化步兵師和機械化步兵旅。就全軍來說，已達到半機械化的程度，機械化部隊數量開始超過摩托化部隊。二〇〇二年，解放軍確立了以完成機械化和信息化建設促進軍隊現代化跨越式發展的戰略目標，步兵開始嘗試「數字化」部隊建設，建立了若干數字化兵種試驗部隊。

裝甲兵（坦克兵）

裝甲兵，亦稱坦克兵，是以坦克和其他裝甲車輛、保障車輛為基本裝備，遂行地面突擊任務的陸軍戰鬥兵種。中國人民解放軍裝甲兵，是合成軍隊的重要組成部分，是陸軍的重要突擊力量。它具有猛烈的火力、廣泛的機動力和良好的裝甲防護力，並由此而構成強大的快速突擊力。它可以減輕常規兵器和高技術兵器襲擊的損害，並能迅速利用核武器、常規兵器和高技術兵器突擊的效果，實施快速機動，猛烈突擊，在短時間內殲滅敵

▲ 行進中的坦克分隊

人。在合同作戰中，裝甲兵可配屬給步兵戰鬥，也可在其他兵種協同下獨立地遂行戰鬥任務。其基本任務是：以猛烈的突擊消滅敵人，奪占重要地區（目標）；向敵縱深迅猛發展進攻，擴張戰果；殲滅敵空降兵或配合我空降兵戰鬥；以反衝擊、伏擊消滅進攻之敵；鞏固擴大登陸場，發展登陸成果；擔任倉卒防禦，阻止敵人發展進攻，抗擊敵人反衝擊或封閉敵核突擊缺口。

解放軍第一支坦克部隊——東北坦克大隊，是搜集日本遺棄的坦克裝甲車輛於一九四五年十二月一日在瀋陽組建而成的。一九五〇年九月一日，中國人民解放軍裝甲兵領導機關在北京成立，標誌著裝甲兵正式成為解放軍陸軍中一個兵種。隨後，解放軍裝甲兵部隊進行了重大整編，這支隊伍在抗美援朝戰爭經受了考驗，並在後來得到迅速發展。一九八五年，解放軍裝甲兵部隊整編為師、旅、團體制，並全部編入集團軍，裝甲兵部隊機動作戰能力和快速反應能力都有了較大提高。新世紀以來，裝甲兵部隊對兩棲裝備進行了大規模技術改造，並改建了部分兩棲裝甲機械化部隊、部分以輪式步兵戰車為主要裝備的輕型機械化部隊和以傘兵戰車為主要裝備的空降機械化部隊。同時，對部分部隊的裝備進行數字化改造，建立了人民解放軍陸軍第一支數字化作戰部隊。目前，在陸軍集團軍內編有坦克師或坦克旅，在摩托（機械）化步兵師內編有坦克團，在機械化步兵團內編有坦克營。坦克師、旅、團中還編有裝甲（機械化）步兵、砲兵、防空兵、工程兵、通信兵、防化兵、偵察兵等兵種部（分）隊和運輸、修理等後勤、技術保障分隊。

炮兵

砲兵是以各種壓制火炮、反坦克火炮、反坦克導彈和戰役戰術導彈為基本裝備，遂行地面火力突擊任務的陸軍戰鬥兵種，是陸軍火力突擊的骨幹力量。砲兵具有強大的火力、較遠的射程、良好的射擊精度、較高的機動能力和廣泛的戰鬥適應性，能迅速、突然、連續地對地面、水面目標實施猛烈的火力突擊。砲兵的基本任務是：壓制、摧毀敵砲兵、防空兵、導彈和指揮、控制、通信、情報系統，特別是核、化學襲擊兵器；擊毀敵坦克和其他裝甲戰鬥車輛及水面艦艇；壓制、殲滅敵有生力量；破壞、封鎖敵交通樞紐、機場、港口、直升機停機坪、空降場、橋樑和渡口；破壞敵工程設施、倉庫及其他重要目標，必要時在障礙物中開闢通路，執行照

▲ 8X8 輪式自行榴彈砲群開火

明、迷盲、縱火、宣傳等特種任務。

中國人民解放軍砲兵是在革命戰爭中建立和發展起來的。一九二七年八月一日，南昌起義的部隊中就有砲兵，土地革命戰爭中發展到十五個砲兵連。一九三八年一月，成立八路軍砲兵團。解放戰爭時期，砲兵連隊發展到一千三百七十多個。一九五〇年八月，成立了全軍砲兵領導機關。一九八五年以來，為加強陸軍部隊的合成，隸屬於軍區的預備砲兵師陸續轉隸集團軍或縮編為砲兵旅，師編反坦克導彈分隊和地空導彈分隊，隊屬砲兵的壓制火力、反坦克火力、防空火力均得到較大加強。砲兵裝備科研有了新的發展，遠程多管火箭炮、大口逕自行加榴炮等一批先進武器裝備和新型彈藥陸續裝備部隊，形成戰役戰術全縱深火力打擊體系，具備一定的偵察、控制、打擊、評估一體的精確作戰能力。砲兵部隊的現代化、正規化建設又邁上了一個新的台階。

陸軍防空兵

陸軍防空兵是編組在陸軍內，以火力掩護陸軍各級戰鬥行動對空安全的戰鬥兵種，是現代防空作戰的重要力量。陸軍防空兵由高射炮、地空導彈和雷達、偵察、氣象、電子對抗、通信等部分隊組成。編入合成集團軍、陸軍師（坦克師、機械化、摩托化步兵師）、步兵團、營建制內。陸軍防空兵具有較強的防空火力和較好的機動能力，通常在合成軍隊編成內遂行野戰防空任務，也可獨立執行防空作戰任務，抗擊敵人的空襲，保障部隊主要集團和重要目標的空中安全。其基本任務是：對空偵察、警戒和

▲ PCZ-04A 自行防空系統

空情報知；反敵空中偵察；抗擊各種空襲兵器，掩護主要部署的空中安全；參加反機降；消滅地（水）面目標。

一九四五年十月，中國人民解放軍從繳獲敵軍的高炮基礎上，組建了第一支高射炮大隊。先後參加了解放戰爭、抗美援朝、反偵察、援越抗美等防空作戰。1987 年，將高射砲兵和地空導彈部隊合稱為「陸軍防空兵」，正式從砲兵序列中分離出來，成為陸軍獨立的一個戰鬥兵種。一九九一年十一月，解放軍組建了第一支陸軍防空兵部隊，形成了高射炮、高射機槍、防空導彈「三位一體」的防空體系。新世紀以來，陸軍防空兵的武器裝備不斷改善，質量不斷提高，尤其是自行高射炮武器系統、地空導彈系統等一批自動化程度高、射擊速度快、抗干擾能力強並具有全天候作戰能力的新型地面防空武器系統陸續裝備防空兵部隊，提高了陸軍防空兵的作戰能力，使其在現代防空作戰中具有較強的火力，較遠的射程，較好的射擊精度，較高的機動能力和較快的反應能力，成為陸軍野戰防空的主戰兵種。

陸軍航空兵

陸軍航空兵是以軍用直升機為基本裝備，具有空中機動、空中突擊和空中保障能力，主要遂行以航空火力支援地面作戰和機降作戰任務的陸軍兵種。陸軍航空兵具有較強的攻擊火力，廣泛的機動性，能在各種複雜地形條件下遂行多種戰鬥任務。陸軍航空兵由武裝直升機分隊、運輸直升機

▲ 陸軍航空兵在演習中執行對地攻擊

分隊和戰鬥勤務飛機分隊組成。陸軍航空兵，通常協同其他軍兵種戰鬥，也可以獨立遂行戰鬥任務。基本任務是：保障兵力兵器的空中機動，配合步兵實施空降戰鬥；對地面戰鬥進行直接空中火力支援，實施空中火力突擊，毀傷敵前沿和戰術縱深內的目標，重點突擊敵坦克和其他裝甲目標；實施和保障空中機動作戰；與敵直升機作鬥爭；擔負空中偵察、電子對抗、空中布雷、戰場補給、救援救護、通信和校射等任務；對寬大地域和暴露翼側進行空中警戒。

中國人民解放軍陸軍航空兵成立相對較晚。一九八二年以後，陸續在北京、瀋陽、蘭州、廣州等軍區分批組建了直升機部隊，擔負執行邊防緊急運輸和救護任務。直到一九八六年十月，陸軍航空兵才正式開始籌建，從陸軍和空軍一百多個師級以上單位抽調飛行員和保障人員，並從空軍調配了一部分直升機。陸軍航空兵在創建之初，便創下了「當年組建、當年訓練、當年改裝並首開五百小時飛行記錄」的奇蹟。之後，陸軍航空兵在近二十年的建設中，著眼於現代戰爭的特點和需求，不斷地改善裝備、更新戰術思想、努力提高適應執行各種任務的能力。

二〇〇八年五月十二日，四川省汶川地區特大地震發生後，成都軍區某陸航團第一時間飛赴災區執行抗震救災任務。該團邱光華機組五名同志在轉運傷員途中不幸犧牲。六月十四日，中華人民共和國中央軍事委員會主席胡錦濤簽署命令，授予成都軍區某陸航團「抗震救災英雄陸航團」榮譽稱號。

工程兵

工程兵是擔負工程保障任務的專業兵種。通常由工兵（含道路、橋樑、築城、地雷爆破）、舟橋、建築、工程維護、偽裝、給水工程等多種專業部隊（分隊）組成。工程兵具有快速遂行多種工程作業和遂行一定戰鬥任務的能力，是軍隊實施工程保障的技術骨幹力量。主要任務是：實施工程偵察；構築和維護指揮所及其他重要的技術複雜的工事；構築和維護主要道路、急造軍路、渡場和直升機起降場，架設和搶修橋樑；排除障礙物，開闢重要通路；構築、設置障礙物，實施破壞作業；對重要目標實施工程偽裝，設置假目標，構築和維護野戰給水站；運用工程手段殺傷敵有生力量；對其他軍兵種和民兵、人民群眾的工程作業進行技術指導。

中國人民解放軍工程兵，是在一九二七年八月參加南昌起義的國民革命軍二個工兵營基礎上成立的。從那時起，解放軍工兵緊隨部隊轉戰南北，利用自製的雷管炸藥、圓鍬鐵鎬等簡陋裝備，逢山開路，遇水架橋，完成了一個個艱巨的工程保障任務。新中國成立後，工程兵部隊迅速發展。到六〇年代中期，總員額達到五十多萬人、一百多個團。上世紀九〇年代以來，工程兵已發展成由地雷爆破、道路橋樑、築城、偽裝、舟橋、野戰給水、工程建築、工程維護等多種專業組成的現代化勁旅。工程兵的任務正由傳統的作戰保障領域向國際維和、搶險救災、反恐排爆等非傳統安全領域擴展，成為應對多種安全威脅、完成多樣化軍事任務的重要保障和突擊力量。

一九九二年初，應聯合國秘書長加利的請求，中國人民解放軍首次派遣工程兵大隊赴柬埔寨參加聯合國維和行動，出色地完成了搶修道路和橋樑、擴建機場等任務。一九九二年初至一九九四年底，人民解放軍在雲南省和廣西壯族自治區邊境地區，組織實施了第一次大規模掃雷行動，共排除各種地雷和爆炸物一百多萬枚，銷毀廢舊彈藥及爆炸物品近二百噸，完成掃雷面積一百零八平方公里，打通邊貿通道、口岸一百七十多個；恢復棄耕地、棄荒牧場和山林三萬多公頃。一九九七年十一月至一九九九年十二月，工程兵在上述地區實施第二次大規模掃雷行動。一九九九年十月和二〇〇〇年五月，中國與聯合國合作舉辦了兩期國際掃雷培訓班，對來自波黑、柬埔寨、納米比亞、安哥拉、莫桑比克、埃塞俄比亞、盧旺達七個雷患嚴重國家的四十名學員進行了掃雷技術、實施方法和組織作業程序等內容的培訓，收到了良好的效果。

作業的工程兵

通信兵

通信兵，是擔負軍事通信任務的兵種，是保障部隊指揮的專業技術力量。通常由通信、通信工程、通信技術保障、航空兵導航和軍郵勤務等專業部（分）隊組成。基本任務是：運用各種通信手段，建立和保持通信聯絡；組織計劃和實施通信工程建設；建立和管理軍隊 C3I 系統；組織實施觀通、導航和軍郵勤務；組織領導通信專業訓練；按照規定管理作戰地區通信設施。

中國人民解放軍通信兵是在革命戰爭中誕生和發展起來的。一九二七年八月一日，南昌起義部隊中即編有通信分隊。一九三一年一月，中國工農紅軍成立第一個無線電隊，繼而開辦第一期無線電訓練班。一九三四年

▲ 通信兵在排除線路故障

一月，中央軍委成立通信聯絡局，主管紅軍通信工作。各方面軍都編有無線電大隊或分隊（電台）。抗日戰爭時期，八路軍、新四軍的營以上部隊編有運動通信和簡易信號通信分隊，旅以上部隊和部分團建立通信業務部門及有線電、無線電通信分隊。解放戰爭時期，軍區和野戰軍以下各級司令部分別設立通信處（分局）、科、股，團以上部隊普遍建立有線電、無線電通信分隊。一九五〇年五月，中央人民政府人民革命軍事委員會設通信部，至一九五三年，各軍區和軍委通信部先後組建通信團。一九五五年四月，通信部改為中國人民解放軍通信兵部，成為獨立的兵種。隨著通信技術的發展和通信任務的加重，二十世紀七〇年代組建軍用衛星通信地球站，二十世紀八〇年代組建指揮自動化工作站，通信兵的保障能力有了進一步的提高。近年來，中國人民解放軍確立了野戰通信系統與國防通信網相結合的軍事通信體制，採用按地域組網與按系統組網相結合的先進的綜合結構。同時，舉行各種軍事通信演習，努力探索新的通信體制和保障途徑，不斷把通信兵作戰理論、技術裝備、戰術思想等推向更高的發展階段。

▲ 通信部隊在進行野外作戰演習

特種兵

中國人民解放軍陸、海、空三軍均編制有特種兵部隊。陸軍特種兵是指陸軍部隊擔負非正規的破襲敵方重要的政治、經濟、軍事目標和遂行其他特殊任務的兵種。各國對特種兵的稱謂不同，如「特工隊」、「特種作戰部隊」、「貝雷帽部隊」等。主要任務是：襲擾破壞、捕獲俘虜、敵後偵察、獲取情報、心戰宣傳、充當顧問、特種警衛，以及反顛覆、反特工、反偷襲和反劫持等。具有編制靈活、人員精幹、裝備精良、機動快速、訓練有素、戰鬥力強等特點。

中國人民解放軍的特種兵可以追溯到紅軍時期，當時就組建了精銳

▲ 特種技能訓練

▲ 解放軍特戰隊員

「手槍隊」；抗日戰爭中，「敵後武工隊」大顯神威；抗美援朝戰爭時期，志願軍特種部隊奇襲南朝鮮最精銳的首都師「白虎團」團部的行動，為全殲「白虎團」作出了決定性貢獻。中國使用特種部隊規模最大、持續時間最長的是上世紀八〇年代初期的南疆重要軍事行動。一九九八年，作為歐洲之外唯一被邀請的參賽國，中國特種部隊派出八名隊員首次參加愛沙尼亞國防軍組織的「愛爾納突擊」國際特種部隊偵察兵競賽。「飛毛腿」何健藉助一根樹枝脫逃，成為一百多名各國參賽隊員中唯一沒有被「敵人」抓獲的偵察兵！近年來，中國特種部隊加大了科技訓練的難度和強度，錘煉出一大批超能戰士。特種兵何祥美就是這個時代打造出的一名「三棲精兵」。他熟練掌握陸上、空中、水下等多種作戰技能，精通狙擊步槍、匕首槍、微型衝鋒槍等八種輕武器射擊。二〇〇九年十月一日，特種兵方隊在國慶六十週年閱兵中首次亮相。中國軍隊特種作戰力量正逐步實現由傳統偵察部隊向新型特種作戰部隊的歷史性轉變。

第七章

陸軍裝備：從引進、仿製到自主研發

陸軍武器裝備包括坦克和裝甲車輛、壓制武器、反坦克武器、高射武器、輕武器及其配套的彈藥、光學電子儀器等。中國陸軍武器的發展，大體經歷了仿製、自行研製和發展提高三個階段。新中國成立初期，中國兵器工業落後，為了支援抗美援朝戰爭，兵工部門主要仿製和研製了反坦克火箭、野戰火箭、無坐力炮、反坦克手榴彈、反坦克地雷、爆破筒和大口徑砲彈等多種武器彈藥，並在仿製的基礎上，開始自行研製新型陸軍武器裝備。一九五二年五月製造的一批十八種制式兵器，其中仿製的十五種，改進設計的三種。一九六〇年至一九七六年，陸軍武器進入了自行研製階段。經過幾年的努力，一批坦克、野戰火箭、高射炮、無坐力炮、迫擊炮、榴彈砲等武器裝備相繼研製成功。同時，反坦克武器研製也取得了顯著成績，其中，火箭筒、無坐力炮、加農炮、新型破甲彈、中型坦克等，特別是反坦克導彈、滑膛反坦克炮、火箭布雷車等一批新型武器相繼研製成功，大大增強了部隊反坦克作戰能力。

進入上世紀八〇年代，解放軍常規武器裝備研製取得了長足進步，國產武器裝備的技術性能大大提高，國產武器裝備體制進一步完善。陸軍的武器裝備重點發展反坦克武器、防空武器。到一九八四年，初步形成了地雷、火箭筒、導彈相結合的反坦克武器系列以及火炮、導彈相結合的防空武器系列。壓制火炮射程、威力及自行能力都有了很大提高。在努力改進提高現役坦克和裝甲車輛性能的同時，抓緊研製火力強、防護力強、機動性能好的新一代主戰坦克和裝甲車輛，並取得重要進展。

二十世紀九〇年代後期，隨著大批新型武器裝備列裝，作戰部隊武器裝備的技術含量不斷增加，各軍兵種部隊戰鬥力有了很大提高。以導彈、主戰坦克、輕武器、工程、防化、車船等為代表的一批技術含量較高的陸軍武器裝備相繼問世，較大地改善了陸軍武器裝備結構體系，提高了部隊的現代化水平和作戰能力。

新世紀以來，解放軍對陸軍裝備進行了成系列的研製開發，使一大批新裝備成龍配套並陸續裝備部隊。同時，對一大批老裝備進行了高新技術改造，使老裝備與新裝備整體集成、信息融合，從而推動了陸軍裝備信息系統綜合集成建設的發展。二〇〇四年十月，「近程超低空便攜式防空導彈」等一批國產導彈武器在珠海航展亮相，其中有的產品技術已達到世界先進水平。

裝甲兵裝備

裝甲兵主要裝備有履帶式和輪式兩類裝甲車輛，按作戰使用可分為裝甲戰鬥車輛和裝甲保障車輛兩大類。裝甲戰鬥車輛，是裝有武器可直接遂行作戰任務的裝甲車輛，包括坦克、步兵戰車、裝甲輸送車、裝甲偵察車、裝甲指揮車、裝甲通信車、自行火炮等；裝甲保障車輛，是裝有專用設備和裝置，用以遂行保障任務的裝甲車輛，分為工程保障、技術保障和後勤保障車輛，包括坦克架橋車、裝甲掃雷車、裝甲布雷車、戰鬥工程車、裝甲搶救車、裝甲搶修車、裝甲救護車和裝甲補給車等。

▲ ZTZ-99 式主戰坦克

坦克

坦克是裝甲兵裝備中的基本車種，其發展、改進對其他裝甲車輛有決定性影響。二十世紀六〇年代以前，坦克通常按戰鬥全重，火炮口徑分為輕、中、重型。二十世紀六〇年代以後，世界很多國家根據坦克的用途分為主戰坦克和特種坦克。主戰坦克取代了傳統的中型和重型坦克，作為主要戰鬥兵器，用以完成多種作戰任務。特種坦克則是指裝有特殊裝備，擔負如偵察、空降、水陸、噴火等專門任務的坦克。二十世紀八〇年代以來，世界各國陸軍裝備的大部分已經是戰後的第三代主戰坦克。中國的第三代主戰坦克是在蘇聯 T-72 主戰坦克技術基礎上開始研發的，同時借鑑了某些西方更先進的坦克技術。之後，中國依靠自身的力量研製第三代主戰坦克。

ZTZ-99 式主戰坦克是中國陸軍最先進、最新型的第三代主戰坦克，也是世界上最先進的主戰坦克之一。其突出特點是採用了更為強勁的動力系統，具備更為優異的彈道防護性能，打擊威力大大提高，具有先進的電子信息系統。該型坦克於一九九九年定型後正式被稱為 ZTZ-99 式主戰坦克，二〇〇九年國慶六十週年閱兵式上，是裝甲方陣第一方隊，體現了在解放軍中的重要地位。

ZTZ-96A 式坦克是基於第二代主戰坦克發展而來的「准三代」坦克，繼承了東方坦克重量輕、結構緊湊、外形低矮的特點。與 99 式主戰坦克相比，其機動性和主動防護性稍弱，其火力性能和電子信息系統的先進性則完全相同。

▲ ZTZ-96A 坦克

步兵戰車

步兵戰車是供步兵機動和作戰使用的裝甲戰鬥車輛。主要用於協同坦克作戰，也可獨立遂行任務。在機械化步兵（摩托化步兵）部隊中，裝備到步兵班。步兵可乘車戰鬥，也可下車戰鬥。步兵下車戰鬥時，乘員可用車載武器支援其行動。

ZBD04 式步兵戰車是上世紀九〇年代中國自行研製生產的新一代步兵戰車，裝備火炮和自動機關炮，能夠對付遇到的各種軟硬目標，包括坦克、裝甲車輛、永備工事和有生力量等。該型步戰車主要用於協同坦克作戰，也可獨立執行任務。

▲ ZBD04 式步兵戰車

ZBD09 式步兵戰車是中國自行研製的主要用於步兵遂行機動攻防作戰任務的新型戰車。主要武器為機關炮，輔助武器為反坦克導彈發射裝置和 1 挺並列機槍。於二〇〇九年定型列裝，並參加了十月一日國慶閱兵。

▲ ZBD09 步兵戰車

ZTD05 式兩棲突擊車是解放軍陸軍登陸作戰的主要裝備。該車配備先進的底盤，具有出色的水面浮渡能力和地面機動能力；配備有大口徑火炮，具有出色的攻堅及反裝甲能力，是兩棲作戰的主要突擊力量。05 式兩棲突擊車與主戰坦克相比，儘管其火力、陸地機動力以及防護力方面都有差距，但由於其重量大大低於主戰坦克，在水網縱橫、道路條件比較差的戰場環境下行動反而更為自如。而與重量大致相當的輪式戰車相比，其履帶式行走方式在越野機動性方面會強得多。

▲ ZTD05 式兩棲突擊車

裝甲輸送車

裝甲輸送車是設有乘載室，具有高度機動性、一定防護力和火力，主要用於戰場上輸送步兵的裝甲戰鬥車輛。第二次世界大戰後，裝甲輸送車得到迅速發展，許多國家把裝備這種車的數量作為衡量陸軍機械化程度的主要標誌之一。現代戰爭中，由於裝甲車輛在戰場上的作用日益重要，世界主要軍事強國的軍隊都在加緊研製適應未來戰爭需要的裝甲輸送車輛，很多國家的軍隊裝備的裝甲輸送車輛正朝著系列化、車族化的方向發展。目前，中國陸軍裝備的主要是 ZSD89（90）式履帶裝甲輸送車。

▲ ZSD89 式履帶裝甲輸送車

砲兵裝備

火炮是砲兵的基本裝備，按其所擔負的主要任務的不同，有壓制火炮和反坦克火炮之分。壓制火炮是用於對地面或水面目標實施壓制射擊的各種火炮的統稱。包括迫擊抱、加農炮、榴彈砲、加農榴彈砲、火箭炮。

迫擊炮

迫擊炮是用座鈑承受後坐力，主要進行高射界射擊的曲射火炮。其初速小、炮管短（通常為口徑的十到二十倍）、彈道彎曲，通常發射尾翼穩定彈，射程一般不超過十千米。世界各國軍隊裝備的迫擊炮有輕、中、重型三種，主要裝備營以下分隊，少數國家的重型迫擊炮裝備在師以上部隊。目前，中國人民解放軍砲兵裝備的迫擊炮主要有 PP87 式八十二毫米迫擊炮和 PP89 式一百毫米迫擊炮等。

榴彈砲

榴彈砲是一種身管比加農炮短（通常為口徑的二十到三十倍），彈道較彎曲，口徑通常為一百零五到二百零三毫米，射程多在三十千米以內的火炮。具有初速較小、射角較大（射角可在四十五度以上）、可行高、低射界射擊和對水平目標射擊等特點。配有多種砲彈，殺傷、爆破效果好，主要適用於對有生力量、技術兵器及工程設施、橋樑、港口、交通樞紐等多種目標射擊。目前，中國人民解放軍裝備的榴彈砲有 89 式 122 毫米自行榴彈砲、07 式 122 毫米履帶自行榴彈砲等。

▲ PLZ07 式 122 毫米履帶自行榴彈砲

PLZ07 式 122 毫米履帶自行榴彈砲是以二代步兵戰車底盤為基礎研製的一款新型壓制武器系統，是中國獨立自主研發的第三代自行火炮，行駛速度和機動能力、防護能力都有了質的飛躍。該炮裝備到機步旅（團）、裝甲兵旅（團）砲兵部（分）隊，使解放軍裝甲兵部隊砲兵的數字化水平又邁上了一個新的台階。

加農榴彈砲

加農榴彈砲是兼備加農炮和榴彈砲兩種彈道性能的火炮，簡稱加榴炮。當用大號裝藥和小仰角射擊時，初速大、彈道低伸，接近於加農炮的性能；當用小號裝藥射擊時，初速小、彈道彎曲。自行加農榴彈砲還具有機動性能強，防護力強，方向和高低射界大，戰鬥轉換時間短等特點。主

▲ PLZ05 式 155 毫米履帶自行加榴炮

要用以射擊遠距離目標和破壞較堅固的工程設施。中國人民解放軍目前裝備的加農榴彈砲主要有 PLZ83 式 152 毫米自行加榴彈砲和 PLZ05 式 155 毫米履帶自行加榴炮。

PLZ05 式 155 毫米履帶自行加榴炮是中國自行研發的具有世界先進水平的火炮系統，是中國陸軍機械化部隊的軍師級壓制火炮。

火箭炮

火箭炮是利用管、框、軌，可發射較大口徑火箭彈，多發聯裝的火炮。有多管式和多框（軌）式之分。突出的優點是發射速度快、火力猛、機動性能好。但也存在射彈散布較大，易暴露陣地、反裝甲能力差、彈藥消耗量大、持續作戰能力不如其他火炮等弱點。火箭炮適用於對暴露的較

▲ PHL03 式 300 毫米火箭炮

大面積集團目標實施火力突擊。

PHL03 式 300 毫米火箭炮是中國發展的新一代多管火箭炮，十二枚火箭彈可以分別單獨發射，也可以一次齊射。該型火箭炮的一個基本作戰單元包括一輛指揮車、四到六輛發射車和四到六輛運彈車。

反坦克火炮

反坦克火炮，是主要用於毀傷坦克和裝甲車輛，摧毀其他堅固目標的火炮。主要包括滑膛炮、加農炮、無坐力炮、重型反坦克火箭等。當前各

▲ PTL02 式 100 毫米輪式自行突擊炮

國軍隊裝備的反坦克火炮，口徑通常為七十五到一百二十五毫米，直射距離在二千米以內，垂直破甲厚度在五百毫米以內。在直射距離內射擊精度好，命中率高，是對一千五百米以內裝甲目標和堅固工事射擊的有效武器。中國人民解放軍目前裝備的反坦克火炮主要有 PTL02 式 100 毫米輪式自行突擊炮。

PTL02 式 100 毫米輪式自行突擊炮，由高性能的高膛壓反坦克炮改進設計而成。具有火力強、機動性好、可靠性高的特點和多種作戰功能。二〇〇五年八月，在山東半島舉行的「和平使命-2005」中俄聯合軍事演習中，PTL02 式 100 毫米輪式自行突擊炮初試鋒芒，二〇〇九年十月一日，再次出現在國慶閱兵方隊中。

反坦克導彈

反坦克導彈是用於摧毀敵坦克及其他裝甲車輛的導彈。是反坦克武器系統的主要組成部分，具有威力大（垂直破甲厚度可達八百毫米）、重量輕、射程遠、命中率高（可達百分之八十到九十）、可控制等特點，可以從地面陣地、車輛、飛行器上發射。由於第一、第二代反坦克導彈在制導方式上受導線的限制，飛行速度較慢，控制時間較長，射手位置易暴露、易遭對方還擊，且受到煙霧影響較大，近距離射擊存在射擊死區的缺點。

▲「紅箭」-9 反坦克導彈

目前很多國家都研製和裝備了採用激光半主動、激光駕束、毫米波、紅外成像和光纖制導的第三代反坦克導彈。目前，中國陸軍主要裝備的有「紅箭」-8 型、「紅箭」-9 型反坦克導彈。

「紅箭」-9 反坦克導彈是中國自行研製的第三代反坦克導彈武器系統，主要用於打擊主戰坦克、裝甲目標和各類堅固工事。該武器系統於一九八八年開始立項研製，一九九九年正式公開露面。具有射程遠、威力大、精度高、抗干擾能力強、晝夜使用、便於快速機動作戰等特點。

防空兵裝備

陸軍防空兵的裝備，是用以實施和保障對空作戰行動的武器、武器系統和軍事技術器材的統稱。主要指陸軍防空兵編制內的高射炮、地空導彈、雷達、電子對抗器材等。

高炮（高射炮）

高炮（高射炮），即射擊空中目標的火炮，並可根據戰場的實際需要對地（水）面目標射擊。具有初速大、射速快、抗干擾能力強、射擊準備

▲ 04 式 25 毫米彈炮合一自行防空系統

時間短、反應快、轉移火力快、機動靈活等特點。高炮按其運行方式分為牽引式高炮和自行高炮。依靠車輛牽引運動的高炮為牽引式高炮；火炮、火控、運行為一體的高為自行高炮（亦稱三位一體高炮）。高炮按其口徑分為大、中、小三類。口徑在一百毫米（不含）以上的為大口徑高炮（大高炮）；口徑在六十到一百毫米的為中口徑高炮（中高炮）；口徑在二十到六十毫米（不含）的為小口徑高炮（小高炮）。大、中口徑高炮能有效打擊中、高空目標，適用於區域掩護。小口徑高炮能有效打擊中、低空快速目標，適用於目標掩護和跟進掩護。目前，中國陸軍防空兵主要裝備的是 04 式 25 毫米彈炮合一自行防空系統。

04 式 25 毫米彈炮合一自行防空系統是中國自行研製的全自動、全天候、彈炮結合、可行進間射擊的自行防空系統，是一九九九年國慶閱兵出現過的 95 式 25 毫米彈炮合一自行防空系統的改進型。該系統具有射擊速度快、命中精度高、抗干擾能力強等特點，可有效抗擊低空目標。

地空導彈（防空導彈）

地空導彈（防空導彈），即從陸地上發射，攔截和摧毀各種空襲兵器的導彈。它命中精度高、毀傷概率大，自動化程度高，反應時間短。但近射界和低射界射擊死區大，技術保障複雜。地空導彈按射高、射程分為三類：高空、遠程導彈（射高三十千米以上，射程一百千米以上）；中空、中程導彈（射高在一到二十千米，射程二十到一百千米）；低空、近程導彈（射高一千米以下，射程二十千米以下）；按機動形式分為便攜式、車載式（自行式）和牽引式。便攜式地空導彈具有重量輕、攜帶方便，機動靈活（全部設備一人攜行），戰鬥反應快，能全向攻擊等優點，單發毀殲

▲「紅旗」-7B

概率在百分之六十以上。主要裝備旅以下單位，是打擊攻擊直升機等低空目標的有效武器。車載式（自行式）和牽引式地空導彈具有發現目標遠，自動化控製程度高，機動能力強，命中精度高等優點，單發毀殲概率在百分之六十到八十。主要裝備在合成軍隊師以上單位，適用於區域掩護，是防高、中、低空空襲兵器的骨幹力量。

目前，中國陸軍防空兵主要裝備的是「紅旗」-7B 防空導彈武器系統。它是中國第三代全天候、低空、超低空防空武器。該武器系統於一九八〇年開始研製，一九八八年定型，主要對付低空和超低空來襲的飛機和導彈，具有命中精度高、機動性能好、抗干擾能力強等優點。二〇〇九年十月一日，「紅旗」-7B 防空導彈參加了國慶六十週年閱兵。

陸軍航空兵裝備

陸軍航空兵的主要裝備，是指各種不同用途的直升機、少量的固定翼飛機及其機載武器系統。主要有攻擊直升機、運輸直升機、戰鬥勤務直升機和機載武器系統等。

▲ 武直-9WA

攻擊直升機

攻擊直升機，俗稱武裝直升機、戰鬥直升機、強擊直升機、反坦克直升機等。主要用於對地面部隊進行近距離火力支援；摧毀敵坦克和其他裝甲目標；壓制敵防空兵器；掩護其他直升機的戰鬥行動等。攻擊直升機自一九六五年誕生至今，已經發展到第三代。第三代攻擊直升機主要的特徵是採用了隱身氣動外形，裝配了第三代渦輪軸式發動機，大量使用新型複合材料，此外其電子座艙和自動化作戰系統的作戰能力也大大提高。目前，中國陸軍航空兵主要裝備的是直-9WA 直升機。

直-9WA 直升機，是在直-9 直升機的基礎上改進而來，能夠攜帶導彈、火箭等機載武器，攻擊能力比直-9 有大幅提升。

運輸直升機

運輸直升機是專門用於運送部隊、技術兵器、物資器材、後送傷員以及吊運大體積物資裝備的一種直升機，具有載重量大、可快速部署、可懸停、對直降條件要求不嚴格等特點。現代戰爭中，運輸直升機也可以通過換裝不同裝備或加裝武器裝備，使其擔負運輸以外的其他多種任務。運輸直升機按其起飛重量可分為輕型（八噸以下）、中型（八到二十噸）、重型（二十到五十噸）和超重型（五十噸以上）等。目前，中國陸軍航空兵主要裝備的是米-171 運輸直升機。

戰鬥勤務直升機

戰鬥勤務直升機，是指用於完成戰場偵察、空中觀察、引導攻擊，以及完成空中通信、空中布雷、電子戰等特種任務的直升機。這些直升機通常分為：偵察／觀察直升機、通信直升機、電子戰直升機、布雷直升機、空中加油直升機，以及通信指揮直升機等。

▲ 米-171 直升機

第八章

為人民服務：永遠的傳統

二〇〇八年汶川大地震一度成為國際新聞界的熱點，很多媒體都把這一事件當作頭條，並派出記者到實地採訪。在眾多報導中，中國軍人成了記者們鏡頭中、文字間的主角。

德國的《世界報》把此次救援稱為「中國歷史上最大的軍事行動」。香港「中通社」在評述中國軍隊的空降行動時說：「此次中國空降兵成功在災區實施搶險大顯神威，是勇氣與科學的結合，稱他們為精銳之師也在於此。」

在所有「觀察者」中，奧地利的《新聞報》對中國軍隊給予了最高評價：「世界上沒有哪個國家的軍隊應對災難的能力像中國軍隊這樣出色，因為中國經常被災禍所襲擊。每年都有上千人死於洪水、礦難和其他災難。」

「對於中國人來說，中國的軍人無疑是困境裡的救星。」

這句評價並不為過，在中國，「解放軍」是個有著特殊含義的詞彙。中國的軍人並不只是保衛國家安全的軍事力量，而且象徵著危難時刻的希望和拯救，以及平常歲月中的兄弟和朋友。

「同呼吸、共命運、心連心」，這是用來形容軍隊和人民關係的常用詞。承擔眾多的社會職責特別是那些艱巨的任務，在中國被認為是軍人的分內之事。在很多特殊的場合，都會看見解放軍的身影。

「解放軍來了！」這句話經常會出現在某些災難的時刻，它在中國民眾的語境中，帶著振奮、喜悅和安慰的情感色彩。

更為重要的是，每個新兵入伍之初就會受到這樣的教育，中國人民解放軍的唯一宗旨是「全心全意為人民服務」。這一理念和價值觀貫穿在中國軍隊的一切領域，指導著他們全部的行為。

魚水之情

一九四四年秋天的陝北，一些軍人和老百姓正在山中燒炭，為即將降臨的嚴冬做準備。當時八路軍處在日軍殘酷的封鎖下，被迫以自力更生的方式度過難關。

忽然，燒炭的窯洞發出可怕的斷裂的聲音，這是要崩塌的跡象，首先發現危機的一位年輕軍人大聲呼喊，並奮力把大家推出窯洞外。當其他人成功跑出後，窯洞坍塌了。那位年輕軍人被壓在廢墟中，再也沒有站起來。

這位年輕戰士叫張思德，當時二十九歲，參加過長征，負過傷，是一個忠實為人民服務的共產黨員。

張思德犧牲後，人們為他召開了隆重的追悼會。毛澤東親自前往悼念，發表講話。短短的七百多字，後來成為中國人熟悉的名篇。毛澤東高度評價了這位普通戰士的人格，並鼓勵大家說：「中國人民正在受難，我們有責任解救他們，我們要努力奮鬥。要奮鬥就會有犧

▲ 張思德

牲，死人的事是經常發生的。但是我們想到人民的利益，想到大多數人民的痛苦，我們為人民而死，就是死得其所。」

這篇演講的題目就叫做《為人民服務》。「我們這個隊伍完全是為著解放人民的，是徹底地為人民的利益工作的。」這兩句簡短的話就成了中國軍隊的宗旨，一直到今天，沒有改變。

中國人民解放軍在組建之初就是為了建立一個人民當家作主的新政權、建設一個獨立富強的國家，因此他們認為自己沒有私利，一切都是為了維護人民的根本利益。

戰爭年代，各級指戰員嚴守群眾紀律，絲毫不侵犯群眾利益，為了人民的解放不惜拋頭顱、灑熱血，獻出寶貴的生命，奪取了政權，建立了新中國。中華人民共和國成立以後，軍隊除了抓緊進行軍事訓練、完成維護國家安全的任務以外，還以各種各樣的方式為人民群眾提供服務。在八十餘年的歷史上，出現了很多模範人物和典型事例。

不吃群眾一個蘋果

中國東北有一個地方叫錦州，這裡盛產蘋果。一九四八年的秋天，正是蘋果成熟的季節，解放軍和國民黨的軍隊在這一片地區展開激烈戰鬥。一支解放軍部隊奉命急赴錦州外圍參加攻堅戰。這天夜裡，他們途經一片蘋果園。經過幾天急行軍，戰士們已經是又累又餓。長長的隊伍邁著「沙沙」的腳步聲在樹下前進，但沒有一個人伸手去摘頭上的蘋果。第二天，果園的主人看到，紅豔豔的蘋果掛滿枝頭，無一損失。

有一個解放軍的連隊借住在一位姓康的老大爺家裡。康大爺家有十多棵蘋果樹，熟透了的蘋果壓滿枝頭，有一些蘋果掉到了地上。戰士們不僅沒有吃蘋果，還把蘋果撿起來，幫助康大爺貯藏蘋果。當康大爺要把蘋果送給戰士們吃時，他們說：「人民的軍隊有鐵的紀律，群眾的一草一木都不能動，蘋果就更不能動了。」

解放軍戰士「不吃一個蘋果」的事蹟很快傳揚出去，並且報告給了毛澤東。毛澤東聽到以後說：「我看了這個消息很感動。在這個問題上，戰士們自覺地認為，不吃是很高尚的，而吃了是很卑鄙的，因為這是人民的蘋果。」

露宿上海街頭

一九四九年五月，中國人民解放軍與國民黨軍隊進行最後的決戰。二十七日，解放軍在夜色中勝利攻入上海。由於上海是當時中國最大的城

▲ 嚴守紀律的解放軍官兵夜宿上海街頭

市，也是遠東第一國際化大都市，因而，解放軍進入上海，是一個具有標誌性的事件。全中國、全世界都在盯著看他們的一舉一動。

為了不驚擾上海市民，疲憊至極的戰士在濛濛細雨中和衣抱槍，睡臥在馬路兩側。第二天，上海居民晨起開門，發現解放軍官兵全部露宿街頭。有記者這樣記述道：「慈祥的老太太，熱情的青年學生，商店的老闆、店員，都懇切地請求戰士們到他們的房子裡去休息一下。可是戰士們婉謝了，他們不願擅入民宅，他們不願在這一件小事上開了麻煩群眾的先例，開了違反人民軍隊傳統的先例。」

解放軍的舉動令在上海的外交官與外國僑民都甚為驚訝，對中外輿論產生了強烈的震撼。官兵們露宿上海街頭人行道上的照片、紀錄片，成為具有標誌性意義的歷史鏡頭。據說，英軍著名將領蒙哥馬利元帥看了這樣的鏡頭後，感慨地說：「我這才明白了，有這樣睡水泥路面精神的軍隊為什麼能夠打敗經美國武裝起來的蔣介石數百萬大軍。」

向雷鋒同志學習

在中國人民解放軍的歷史上，有一名戰士叫雷鋒。他沒有參加過血火拚殺的戰鬥，未曾立下赫赫戰功。他在一九六二年去世時，僅僅是一個普通的班長。但是當時中國的最高領導人毛澤東親筆為他題詞，並且發出號召：「向雷鋒同志學習！」

從那以後，在中國出現了一場轟轟烈烈的學習雷鋒的熱潮，經久不衰，一直延續到二十一世紀。不管是軍隊的最高領導者，還是普通戰士，都以各種各樣的方式向雷鋒學習。並且，在雷鋒身上所體現的精神，已經走出中國，在世界範圍內也產生了重要影響。

雷鋒之所以能夠為這麼多的人所牢記，就是因為他在短暫的一生中，能夠像他在日記中所寫的那樣：「把有限的生命投入到無限的為人民服務之中」。他把自己稱作「人民的勤務兵」，在部隊訓練以外的時間裡，利用一切機會為地方群眾提供力所能及的幫助。在節假日裡，雷鋒經常到駐地附近的工地上，和群眾一同參加勞動，從來不計任何代價和報酬。他把津貼費節省下來，一聽說哪裡有群眾受災，就把錢作為捐款寄過去。有一次，天下起大雨，一位大嫂帶著孩子迷了路。他看見以後，把雨衣讓給大嫂，帶著她們一直走到要去的地方。他在出差坐火車時，幫助列車員打掃衛生，幫助旅客拿放行李。人們說：「雷鋒出差一千里，好事做了一火車。」

▲ 全軍開展學習雷鋒活動

▲ 瀋陽軍區工程兵某團運輸連班長雷鋒

在生活中，雷鋒是個平凡的小夥子，愛美，喜歡寫詩，喜歡照相。他曾寫下詩一樣的話語：「對待同志像春天般溫暖，對待工作像夏天般熱情，對待缺點像秋風掃落葉一樣無情」。

雷鋒二十二歲時死於一次意外事故，在留下來的照片中，這個小個子青年總是一臉燦爛的笑容，他的身上似乎總籠罩著明媚的陽光。確實，他的內心充滿了愛。正因為這份對他人真誠的愛，使他獲得了永生。

「高原一把刀」

李素芝是中國人民解放軍的一名將軍，長期擔任西藏軍區總醫院院長，主任醫師。李素芝醫術高超，自一九七六年入藏以後，外科主刀一萬三千多例，搶救垂危病人、組織重大手術六百多例，被譽為「高原一把刀」。

中國軍隊的醫院既給軍人治病，也為地方病人服務。李素芝剛到西藏軍區總醫院工作時，進行了一次病情普查。讓他吃驚的是：在近二萬名普查人口中，患先天性心臟病的高達六十名，先天性心臟病成了「高原第一殺手」。在高原施行心臟病手術，在醫學界被認為是風險極大的，但很多高原人民沒有條件到遙遠的內地醫治。李素芝決心攻克這一世界醫學難題。因為在他看來，和平時期軍醫的使命就是要為人民解除病痛。李素芝的同事和部下都被他感動，一直協助他工作。

在二〇〇〇年十一月十日，李素芝成功實施了世界首例「海拔三千七百米以上高原淺低溫心臟不停跳心內直視手術」，打破了國外專家的醫學斷言。在此後的四、五年裡，他主刀為五百多名患者解除了病痛，手術成功率達百分之九十八。

李素芝的醫院在藏區的很多地方定期進行義務巡診。一路上，李素芝經常碰到一些得比較貧困的病患，於是醫院決定為那些困難群眾發放「免費醫療證」。只要有這個證，看病一路綠燈。以後，總醫院為娘熱鄉群眾、拉薩 SOS 國際兒童村兒童、色拉寺等寺廟僧尼和邊遠農牧民群眾發

▲ 西藏軍區總醫院院長李素芝為受災群眾檢查身體

放《免費醫療證》七千五百多個。對邊遠地區來院看病、經濟確實困難的群眾，他們免收醫療費。遇有特別困難的，李素芝不但免去了全部費用，還發動醫務人員為他們捐贈路費和生活費。李素芝說：「一年光免費醫療一項，我們自己就得承擔上百萬元人民幣。但這是人民軍隊的光榮傳統，成千上萬的錢買不了藏漢情、買不到軍民情深。」

在西藏，李素芝有很高的知名度，當地人都叫他「我們的好門巴」，門巴是藏語醫生的意思。雖然現在李素芝已經是將軍，但一直堅持為病人做手術，每年還要抽時間到農村和偏遠地區義診。

解放軍這種特別的傳統和理念，得到了人民群眾的熱愛和擁護。人民群眾把解放軍親切地稱為「人民子弟兵」，把官兵們看作是自己的兒女和兄弟，對這支隊伍有著深厚的感情。中國人習慣於把軍隊和民眾的關係比作「魚水之情」。意思是說，軍隊就好像是魚，而人民群眾好比是水，魚離不開水，水滋養著魚。由於人民軍隊堅持全心全意為人民服務，人民群眾也始終擁護、支持人民軍隊，形成了「軍愛民，民擁軍，軍民團結一家人」的獨特的軍民關係。在中國，把軍隊擁護人民、人民擁護軍隊稱為「雙擁」，形成了一個悠久的傳統。

支援國家經濟建設

在中國的大地上，隨時都會看到部隊集體勞動的場景。他們幹得熱火朝天、汗流浹背，似乎正在構築工事，但他們的行動實際上和戰爭毫無關係，而是參加國家工程建設。

自從一九二七年建軍起來，解放軍除了日常訓練外，還有一個很重要的任務，就是協助地方建設。這在世界軍隊中是比較罕見的。

之所以如此，也是基於「為人民服務」的理念。既然人民軍隊是人民群眾養育的，理應為提高人民的生活水平作出貢獻。而且，國家經濟發展了，人民生活水平提高了，才能拿出更多的資源來建設國防。因此，中國人民解放軍在積極進行軍事訓練的同時，還通過各種方式參與到國家經濟建設之中，做出了突出的成績。

參加國家重大工程建設

中國人民解放軍提供人力、物力和財力，參加了許許多多國家的交通道路和基礎設施建設。這些建設一般都是極難完成的任務，是挑戰人類極限的任務。在中國，最困難的事交給軍隊去辦，幾乎成了常規，人民對此習以為常。比如，溝通西藏和內地的青藏、川藏道路建設。

西藏，位於號稱「世界屋脊」的青藏高原之上，有著美麗的自然風光。但在和平解放之初，西藏沒有一條正式公路，基本處於與世隔絕的封閉狀態，人民生活極端困苦。國家決定建設從青海省和四川省通向西藏的兩條公路。中國人民解放軍的很多部隊承擔了這項艱巨的任務。

一九五四年五月十一日，青藏公路在青海格爾木正式動工。唐古拉山是青藏公路的最高點，海拔五千三百米。這裡空氣中的含氧量只有海平面的一半，在這樣高的地方別說勞動，就是走動也會感到吃力。強烈的高山反應使人憋得胸悶，吃飯不香，睡覺不寧，比生病還難受。但是，在冰天雪地之中，一座座營帳紮起來。山頂三十公里，六個施工隊分段作戰，人們用鎬頭刨、鋼　撬、鐵錘打，一點點地摳掉前進路上的堅石硬土。十月二十日，唐古拉山上的一段公路全部打通了。到十二月十五日，僅僅用了七個月零四天，一千多公里長的青藏公路就修通了。這是當時世界上海拔最高的一段公路。

與此同時，要穿過許許多多高山和大河的川藏公路也在施工。在四年多的時間裡，川藏公路穿越整個橫斷山脈十四座大山，橫跨岷江、大渡河、金沙江、怒江、拉薩河等眾多江河，橫穿龍門山、青尼洞、瀾滄江、通麥等八條大斷裂帶。十一萬人民解放軍長年風餐露宿，時常是在懸崖峭壁和急流深谷旁勞動和操作，一不小心就會有生命危險。工程的巨大和艱險，在世界公路修築史上也是前所未有的。

青藏、川藏公路通車前，從拉薩到青海西寧或四川成都往返一次，要靠人畜來馱，艱苦跋涉半年到一年時間。通車以後，乘坐汽車只要一個月乃至更短的時間就可到達。

此後，解放軍工程部隊根據國家的需要，不斷對進藏公路進行維修改造。據統計，到一九八九年共運輸各類進藏物資一千多萬噸、出藏物資一百一十二點七萬噸。

二〇〇六年七月一日，世界海拔最高、線路最長的高原鐵路——青藏鐵路建成通車，解放軍官兵也為此作出了重要貢獻。

▲ 鐵軌鋪到中國最大的高原湖泊——青海湖畔

這些交通線都大大改善了西藏的交通條件，改變了以前那種相對封閉的狀況，方便了廣大群眾的出行和交流，促進了西藏經濟的發展和人民生活的改善，被各族群眾比作「彩虹」、「金橋」和「天路」。

除了青藏、川藏公路，中國人民解放軍還參與了很多重要的交通運輸和其他工程的建設。人民解放軍曾為了適應國家建設的需要，專門組建基建工程兵、鐵道兵等專業兵種。基建工程兵的足跡踏遍了全國，完成了數以千百計的公路、工廠、探礦、水庫等國家大中型建設項目和重點工程，為北京和其他一些大中城市建起了大批教學、科研樓房以及民用住宅，完成了數百萬平方公里的水文地質普查任務，為經濟和社會發展提供了基礎資料。從一九五四年到一九八三年，鐵道兵先後修建了五十二條鐵路幹線，共建成鐵路一萬二千三百公里，其中修建橋樑總長四百二十公里、隧道總長九百公里，占全國新建鐵路的三分之一。其他諸如步兵、砲兵、通信兵、防化兵等各個軍兵種，也都根據自己的專長和國家的需要，為經濟建設做出了自己的貢獻。

▲ 基建工程兵某部在修建北京地鐵

位於西南地區的長江三峽水利水電樞紐，是世界上規模最大的水電站，也是中國有史以來建設的最大型工程項目。這項工程於一九九四年開工，一九九七年實現大江截流，二〇〇三年首批機組發電，二〇〇九年全部完工。為支持這一舉世矚目的水電工程，人民解放軍和武警官兵按照上級要求，充分發揮自身優勢，採取多種形式積極參與建設。

其中，水下炸礁是一項充滿風險和挑戰的工作。海軍北海艦隊某部炸礁隊奉命領受這一任務。隊員們在湍急的水流中潛入水底，在礁石上鑽孔、安裝雷管，引出導爆管，再將近百根導爆索攏在一起引爆。施工難度非常之大，稍有不慎，就有失控爆炸的危險。但隊員們置生死於不顧，膽大心細，晝夜緊張施工。經過半年的連續奮戰，導流明渠暗礁被順利清除。

在整個工程建設中，參與工程建設的部隊官兵和民兵預備役人員達十九萬餘人次，承擔主體工程施工，參與配套工程建設，組織專業技術分隊完成突擊性任務。這是中國人民解放軍參加國家重大工程建設的一個具有代表性的項目。

幫助地方改善民生條件

在中國人民解放軍的隊伍裡，有一位名叫李國安的將軍。他來自於一支特殊的部隊，主要任務不是打仗，而是找水。

中國西北部的一些地區是高原、戈壁和荒漠，很多地方十分乾旱，連人畜飲水都困難，工業和農業用水則更加緊張，給人民生活帶來很大的困難，極大地制約著經濟的發展。二十世紀九十年代初，李國安擔任某給水工程團團長的團長，就駐紮西北的乾旱地區。看到群眾缺水的場景，他下決心要找到更多的水源，解決這個地區發展的「瓶頸問題」。他帶著部隊走了一處又一處，四處尋找地下水源。

一九九三年底，李國安腰部患上了惡性腫瘤。一九九四年四月二日，李國安在手術後剛剛能夠下地走動，就辦理了出院手續。為了幫助他支撐尚未痊癒的腰肌和病體，醫生給他圍上了一條十五釐米寬的「鋼圍腰」。出院的第二天，他便踏上了回部隊的列車。

回到團隊，李國安先後派出六個工作組，深入邊疆一線考察。為了儘快完成勘察任務，他親自帶領一個小組出發。經過整整四個月的跋涉，李國安一行行程二萬四千八百公里，全面考察掌握了詳細水源分布，與工程技術人員一起寫出了二十二萬字的邊疆水文地質專題調查報告，填補了四千公里邊防無水文地質資料的空白。

掌握了第一手的資料，再加上精心的學習和磨煉，李國安所在的部隊找水、打水的技術能力不斷增強。李國安率領部隊轉戰一百六十萬公里，打井近五百眼，並在被視為無水的沙漠戈壁中找到了水，在礦化度很高的地區找到了飲用水，在北緯四十度以北開創了冬季成井的先例……。這一

▲ 李國安和戰士們在一起

切，均被專家稱為水利史上的奇蹟。

解決水資源緊缺的問題，是中國實施「西部大開發」戰略的一項重要內容。中國西部的多個省區處於內陸，經濟社會發展水平相對落後。像李國安所在的部隊一樣，許許多多的部隊都參加到支援西部大開發、振興西部地區經濟的事業中來。近年來，中國人民解放軍在西北地區的各個給水團都配備了新一代野戰給水工程裝備，打出優質井一千二百多眼，建成軍地兼容給水站多處，不但改善了戍邊官兵的飲水條件，還解決了數千萬人的生活飲水、農田灌溉和工業用水問題。這支部隊後來還參加了聯合國在蘇丹達爾富爾地區的維和行動，其任務仍然是為維和部隊和當地人民尋找可靠的水源。

以上只是中國人民解放軍參與國家經濟建設的幾個側面。除此以外，

軍民一起修渠引水

人民解放軍還以其他各種各樣的形式，參與國家的經濟建設，而且不計代價、立足於自身條件，完成各種急難險重的任務。據不完全統計，六十年多來，中國人民解放軍共投入近五億個勞動日、三千多萬台次機械車輛，參加工業、交通、水電、通信等大批重點工程建設，參加鐵路、公路新建擴建，支援機場、港口、碼頭新建和改建、擴建工程支援農業建設，改善農業生產條件，做好扶貧開發工作，參加當地的防沙治沙、植樹種草、封山育林等活動，改善生態環境，修建文化、體育、教育設施，幫助發展社會福利事業，支援城鄉公益事業建設等等，為中國社會經濟的發展提供了重要幫助，做出了突出貢獻。

參加搶險救災

中國是世界上自然災害最多的國家之一，而且災害種類多，發生頻率高，造成損失大。軍隊在人民最需要的關頭往往更能顯示出重要的作用。在中國人民解放軍的歷史上，參加過多次重大搶險救災活動，彰顯出巨大的作用，受到人民的讚譽。

每次集結動員時，指揮官都會向戰士訓話：「我們是人民的軍隊」、「要不惜一切代價，保護人民群眾的生命財產安全！」中國一代代的軍人也都習慣了這樣的特殊「戰爭」。如果有人不幸在救災中付出了生命，他會獲得「英雄」的稱號，他的家人在悲痛之餘會為他感到驕傲。中國人認為，那些為人民犧牲的戰士和戰鬥英雄一樣，值得尊敬和懷念。中國軍人也認為，在救災中為人民奉獻是職業軍人無可推卸的職責，是他們的榮譽所在。

九八抗洪搶險

一九九八年的夏天，由於連日暴雨，中國第一大河、世界第三大河——長江江水暴漲，連續六十天超過警戒水位。如果洪水突破堤岸，造成決口，就會沖垮附近的城市和鄉村，無數人的生命和財產將會在瞬間消失。

災情就是命令。一百一十多名將軍、五千多名師團領導幹部率領三十六萬名官兵奔赴抗洪搶險一線。

在這些官兵中，有一位名叫李向群的戰士，年僅二十歲，軍齡只有二十個月。他和戰友們用沙袋加固堤壩，堵住可能漏水的地方，還一次又一次地潛入水下，探尋滲水口，排查險情。就這樣連續奮戰了十幾個日日夜夜。過度的疲勞讓年輕人生病發燒，別人勸他休息，但李向群看到水情緊急，仍然堅持留在堤壩上。終於，因極度勞累導致心力衰竭，李向群撲倒在地上，送到醫院後經多方搶救無效，不幸犧牲。

雖然中國軍隊強調在救災時儘可能減少不必要的犧牲，但在危難的時刻，仍然有不少像李向群這樣的年輕人，為內心的激情和責任感所驅使，達到了忘我的境地。

正是由於有了千千萬萬個李向群這樣的英勇戰士，這次百年不遇的長江特大洪水得到了控制，兩岸人民的生命財產得以保全。

人民對軍隊的付出也回報以真誠的支持。在軍隊救災的時候，周邊的

▲ 在洪災中轉移平民

▲ 托起生命

很多老百姓自發前來慰問部隊，送水送飯，救護傷員。當部隊回撤時，萬人空巷，人們用「學習雷鋒好榜樣」的歌聲為部隊送行，而官兵們則以「人民是靠山」的歌聲作答。

人們握手、擁抱，甚至熱淚奔湧，而他們都是陌生人，以後也不會相識，濃郁的愛會讓所有身臨其境的人動情。

如果親眼目睹這樣的場景，你就會理解什麼叫「軍民魚水情」，什麼叫「人民子弟兵」。

抗擊「非典」疫情

二〇〇三年初，中國發生了傳染性非典型肺炎流行疫情。這是一種由

SARS 冠狀病毒引發的疾病，極具傳染性，很快就大面積擴散。如果不能得到有效遏制，後果將十分嚴重。軍隊醫護人員和科研工作者在緊急關頭挺身而出，奔赴疫區研究病情，研究治療方案，緊急救治病人，展開了一場抗擊「非典」的阻擊戰。

解放軍的軍醫大學和科研部門承擔了「非典」病情的研究任務。專家們夜以繼日緊張工作，解開了非典防治的謎團。軍隊醫護人員在救護非典患者時，仔細觀察病情、收集資料、總結經驗，逐步掌握了非典的症狀和病理的基本規律，探索出中西醫結合療法和降低醫務人員感染率的辦法，為全國醫護工作者提供了經驗。同時，軍隊的很多醫院建立專用病房收治非典病人，免費為感染的群眾提供治療。

三月二十七日，世界衛生組織宣布北京為非典疫區。很多不具備條件

▲ 一名非典患者出院前夕向醫護人員表示感謝

的醫院開始收治非典患者，因防護不到位，交叉感染嚴重。為此，軍隊奉命組建非典定點醫院，地點選在北京郊外的小湯山。全軍先後緊急選調一千三百八十三名醫務人員支援北京小湯山非典定點收治醫院建設，一批批醫療設備緊急啟動，一箱箱防治藥品調集北京。僅用了七天七夜的時間，小湯山非典醫院即宣告建成啟用。此後，醫院接收近千名非典患者集中治療。很快，非典疫情得到了有效控制。六月三日，世界衛生組織的官員專程來到小湯山醫院考察，對救治工作給予了充分肯定。一位官員當場豎起大拇指：「小湯山醫院創造了世界奇蹟，中國軍隊真了不起！」

抗擊雨雪冰凍災害

二〇〇八年初，中國南方遭遇罕見的極端低溫天氣，暴雪、凍雨、低溫襲擊了大半個中國，使得公路結冰，電力中斷，火車停開，數十萬旅客被困在旅途中，滯留在城市的火車站和鄉村的道路上，缺衣少食，急待救援。

軍隊處置突發事件領導小組辦公室迅速啟動，投入部隊二十二點四萬人、民兵預備役人員一百零三點六萬人，派出軍用運輸機和直升機二百二十六架次，破冰鏟雪，疏通交通幹線，救助受災群眾，恢復電力線路。有的部隊調派大型工程機械和重型裝甲車輛，進入任務地段後，輾軋破冰，開闢道路。有的部隊派出技術人員，和地方人員一同進入鄉村雪野、大山深處，搶修電網，恢復通信。有的部隊採購食物和飲用水，派戰士們乘車或者徒步趕到受災群眾所在的地方，無償分發給他們。

在這次救災活動中，大量解放軍官兵被派到車站，負責分發食品和物資，救助滯留的旅客，維護秩序，分片疏散群眾。他們認真負責，耐心細

▲ 駐藏部隊參加那曲抗風雪救災

緻，長時間連續堅持工作。後來在廣州市，老百姓自發立起了一座叫《九天九夜》的雕像。這是根據一幅照片創作的，真實地表現了四名士兵因為連續多個日夜的奮戰，過度勞累，倚在路旁欄杆上睡著了的感人情景。雕像底座上刻著一首詩：「醒著時，他們是一堵牆，守衛生命；睡著時，他們是一座山，震憾心靈！」

汶川抗震救災

二〇〇八年五月十二號十四點二十八分，一場八級的大地震突然襲擊四川汶川及周邊地區。地震發生十三分鐘後，軍隊應急機制全面啟動。地震發生後不到十個小時，就有一點二萬名解放軍和武警官兵進入災區。

雖然餘震不斷，隨時都有更大的災難降臨，而且橋毀路損，大雨滂沱，給養與補給一時難以到位，但解放軍官兵們還是義無反顧地前進。成都軍區某集團軍軍長許勇少將帶領三十三名突擊隊員，採取水陸結合的方式，冒著被巨浪掀翻、滾石砸中的危險，率先徒步挺進震中汶川縣映秀鎮。當許勇率領部隊出現時，正在從廢墟中搶救親人的六十七歲老教師王茂乾緊緊拉住他的手說：「解放軍進來了，我們就有希望了。」

地震發生後，解放軍空軍立即出動，創下了解放軍軍史和中國航空史上單日出動飛機最多、飛行架次最多、投送兵力最多的航空輸送行動紀錄。四川茂縣是地震的重災區，交通和通信中斷，與外界失去了一切聯繫。這裡是高山峽谷地形，境內山峰多在海拔四千米左右，山谷間雲霧瀰漫，無法看清地面，實施空降非常危險。就在地震發生後不到四十八小時，十五名空降兵寫下簡短遺書，在無氣象資料、無地面引導、無地貌資

▲ 從廢墟中搶救生命

料的情況下，從四千九百九十九米的高度「盲降」，終於使茂縣災區與外界取得了聯繫。其後，陸航直升機部隊穿越高山峽谷，開闢出一條條「空中生命走廊」。

在十萬平方公里的災區，正規部隊和民兵預備役人員，空地聯合，多軍兵種聯合，同時展開救援行動。他們在殘垣斷壁中，在不時發生的餘震中，冒著生命危險，尋找著倖存者。哪怕有一絲希望，也要付出百倍努力。有的部隊官兵幾天幾夜沒有好好吃飯，寧願忍饑挨餓，也要把隨身攜帶的乾糧送給受災群眾。有的部隊三四名官兵分到一瓶水，也要省下來給受災群眾。有的戰士因為長時間、高強度負重運動而生病，仍日夜堅持營救，上山時搬運藥品和食物，下山時背負傷員。

經過緊張搶救，一名又一名群眾被解放軍官兵從死亡線上拉回來。一個名叫郎錚的三歲男孩在一所幼兒園的廢墟下被救出。躺在送往醫院的擔架上，這個嚴重骨折、滿臉帶血的孩子，卻舉起右手，敬了一個軍禮！有記者剛巧拍下這個場景，傳到了互聯網上，立刻感動無數的網民。這個孩子被稱為「敬禮娃娃」。除了小郎錚外，還有無數的人像這樣及時得救了。

在整個救災活動中，中國人民解放軍和武警部隊承擔起最緊急、最艱難、最危險的救援任務，共出動兵力十四點六萬人，動員民兵預備役人員七點五萬人，動用各型飛機和直升機四千七百餘架次、車輛五十三點三萬台次，救出生還者三千三百三十八人，轉移受困群眾一百四十萬人，運送和空運空投救災物資一百五十七點四萬噸，搶通道路近萬公里。

世界上很多國家的人們都給予這次救災活動以高度關注。有外國記者這樣說，一些國家發生大災難，軍警部隊進入災區時一定是荷槍實彈，用於維護秩序。但是，我們驚訝地看到，數萬解放軍進入災區，竟然沒有帶槍以及任何武器。在救災過程中，解放軍官兵和受災群眾相互配合，秩序井然。救災部隊嚴格執行群眾紀律，將從廢墟中清理出來的數億元現金和大量貴重物品詳細登記造冊，如數移交物主或當地政府有關部門。

▲ 小郎錚躺在擔架上向解放軍戰士敬禮

隨著時間的推移，救災已經成為中國軍隊的重要任務之一。為了進一步提高救災的效率，近年來，中國軍隊專門組建了八種專業應急部隊和救援隊，分別應對抗洪、地震災害、核生化危機等，包括空中、交通和海上的立體應急，以及醫療防疫等多個方面。當然，在重大危機爆發時，常規部隊也經常被調動來參與救援。

對中國軍人來說，戰爭從來就不是軍人的唯一職責，更不是終極使命。

第九章

走向世界：為了和平

二〇〇七年十一月下旬，一百三十五名中國軍人抵達位於蘇丹共和國達爾富爾地區。他們的使命不是戰爭，而是和平。但和平的使命並不比戰爭輕鬆，有時甚至更為複雜和艱險。

達爾富爾地區被認為是世界上人道主義危機最嚴重的地區，各種武裝組織長期處於無政府狀態，綁架、襲擊事件頻繁發生。二〇〇七年七月三十一日，聯合國安理會通過第 1769 號決議，開展達爾富爾混合行動（UNAMID）。作為首批抵達該地區的聯合國維和人員，中國維和工兵分隊的到來標誌著聯合國和非盟在該地區的混合維和行動正式展開。

在接下來的歲月中，中國工兵分隊的小夥子們以出色的表現為軍人的榮譽增加了和平的重義。中國第一批三百一十五名官兵全部被授予聯合國「和平榮譽勛章」。第二批維和工兵分隊被聯合國授予「特殊貢獻獎」，全體官兵被授予「和平榮譽勛章」。

聯合國主管維和事務的最高官員、副秘書長格諾在考察中國維和部隊的工作後，對媒體說：「聯合國需要紀律嚴明的部隊，中國派出的恰恰是這樣的部隊；聯合國需要專業技術強的部隊，中國派出的恰恰是這樣的部隊」。「中國人民解放軍使維和行動煥然一新，他們幫助著遠方的人民，改善著他們的生活，大大增強了聯合國維和行動的力量」。

除了維和領域，近年來在其他國際舞台上也出現了越來越多中國軍人的身影。在海地地震、巴基斯坦洪災、日本海嘯等重大災難發生時，人們看到人民解放軍救援人員總是在第一時間抵達現場；在亞丁灣——索馬里海域，人民解放軍積極維護國際海上通道安全；在世界軍事優育賽場上、在世界軍事音樂殿堂中，人們也常看到中國軍人矯健的身影，聽到中國軍樂團優美雄壯的樂曲……

曾被視為「神祕」的中國人民解放軍，今天正以開放自信的姿態融入到國際事務中，承擔著越來越多的國際義務。

參與聯合國維和行動

中國第一次參加聯合國維和行動始於一九九〇年四月。當時，中國向位於中東地區的聯合國停戰監督組織——維和歷史最長的機構派出了五名軍事觀察員。一九九二年，聯合國安理會決定建立聯合國駐柬埔寨過渡時期權力機構。應聯合國秘書長加利的請求，中國向柬埔寨派出了由四百人組成的維和工兵大隊。這是中國首次派出成建制維和部隊。

▲ 維和運輸分隊

當中國維和部隊到達柬埔寨任務區時，當地正值高溫季節，室外溫度高達五十多攝氏度，雷患、水荒、疾病、蚊蟲、武裝土匪……無時無刻不在威脅著中國維和官兵們的生命安全。有一次，中國維和工兵分隊冒著高溫修復了一座交通要道上的橋樑，晚上卻遭到不明武裝分子的炮擊，橋樑被炸壞了。中國維和工兵立即行動起來，冒著高溫和遭炮擊的危險把橋修好。但是不久，橋又被炸壞了，中國工兵再次把橋修好。就這樣反覆多次，面對中國維和官兵的不懈努力，武裝分子最終放棄了。這座橋因此得了一個名字，叫「多難橋」，至今屹立在當地。

自一九九〇年首次派出維和觀察員，到二〇一二年六月，中國人民解放軍共參加了二十二項聯合國維和行動，累計派出維和官兵二萬餘人次。中國是目前聯合國安理會五大常任理事國中派遣維和人員最多的國家。

捨生忘死的排雷尖兵

在維和行動中，排雷排爆可能是最重要而又最危險的任務之一。聯合國前秘書長安南就曾說過：「地雷是戰爭最難消除的痕跡。每掃除一枚地雷可能就意味著拯救了一條生命；每掃除一枚地雷，我們就在為持久、豐饒的和平創造條件方面更接近了一步。」

據聯合國相關資料顯示，在戰火此起彼伏的黎巴嫩南部，總計埋藏了約十三萬枚各種地雷，成為危及平民生命安全的無形殺手。部署在黎巴嫩的中國維和工兵分隊中就編有一支著名的掃雷連，肩負著為當地人民排雷排爆的艱巨任務。

二〇〇六年八月十日，排雷連連長陳代榮帶領一個排爆小組，乘坐法國裝甲車，護送三輛物資運輸車前往戈蘭高地的一個友軍觀察所。當車隊

▲ 中國赴黎巴嫩維和工兵營官兵在「藍線」施工作業

行至黎巴嫩與以色列武裝對峙的中間地段時，兩枚 122 毫米砲彈橫躺在路中央，擋住了去路。砲彈引信處於戰鬥狀態，觸碰不慎便會爆炸。而路邊一側的檢查站哨所上，幾名狙擊手的槍口正虎視眈眈對準著車隊，隨時都有可能開火。

該怎麼辦？如果原路返回，但是斷水斷糧的友軍哨所正焦急地等待著物資救援。下車排爆，狙擊手會不會開火阻止呢？情況緊急，陳代榮容不得多想，迅速帶領排爆連的幾名戰士下車，小心翼翼地開始了引信拆除工作。當引信被拆除，砲彈被挪到路邊時，汗水已經濕透了他的全身。目睹了拆彈全過程的法國維和軍官米歇爾上尉由衷地讚歎說：「中國軍人真是藝高人膽大！」

以陳代榮為代表的中國維和人員不僅在排除雷患時衝在最前面，還成立地雷知識講授小組，深入到任務區的學校、村莊，為當地居民講授地雷知識，教授他們如何避免各種未爆物的威脅，深得維和任務區居民的讚賞和歡迎。

作為經驗豐富的排雷專家，陳代榮還積極參加外軍學員的培訓。每次上雷場，他總是走在最前面。一次，一名外國學員在實地排雷時不敢進雷場。陳代榮對他說：「你踏著我的腳印走，第一個踩到地雷的是我，第一個被炸的也是我！」連續幾次之後，這名學員終於勇敢地走進了雷場。

中國維和工兵的膽量來自對自己專業技能的自信。排雷只是他們為當地人民做出的眾多貢獻之一。儘管中國參加聯合國維和時間短，但中國對聯合國維和事業的貢獻是有目共睹的。截止二〇一二年六月，中國維和工兵已在各任務區累計新建、修復道路八千三百多公里，修建橋樑二百三十多座，排除地雷和各種未爆炸物八千九百多枚。

▲ 中國第八批赴黎巴嫩維和部隊的三百三十五名官兵被授予聯合國「和平榮譽勛章」

中國維和工兵為當地留下最多的是過得硬的工程。二〇〇九年九月一日，聯合國駐蘇丹特派團（簡稱「聯蘇團」）綜合保障處公布了聯蘇團「優質工程獎」評選結果，中國第五批赴蘇丹瓦烏維和工程兵大隊在十個單項評比中獲得九項第一，並以領先第二名十六分的絕對優勢獲得總分第一名，榮獲「優質工程獎」。中國第七批維和工兵分隊在八個月的維和任務中，高標準地完成了蘇丹南部三個公投基站建設、戰區防衛設施加固、機場跑道維護和瓦烏市區道路構築等工程，特別是建成了蘇丹南部首個公投基站，獲得聯蘇團「總司令特別嘉獎」。

起死回生的維和軍醫

二〇〇六年的一天傍晚，一位聯合國維和人員衝進駐剛果（金）的中

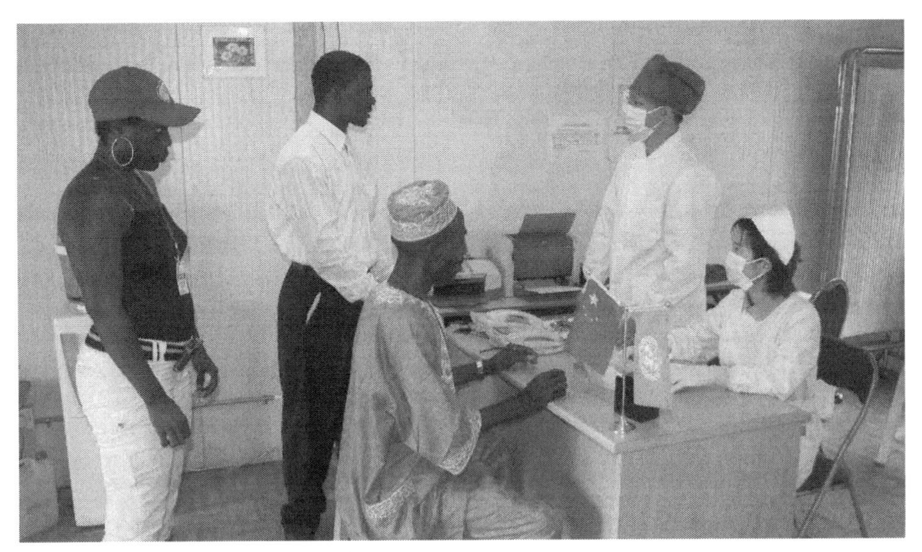

▲ 維和醫療分隊門診接診地方患者

國維和醫療分隊求助：「一名巴基斯坦維和軍人在執行任務中突然昏倒，生死未卜！」中國軍醫檢查發現，病人的心跳、脈搏、呼吸都已停止。這一結果令病人的戰友們感到絕望，因為這位病人從昏倒到被送進醫院，已經過去整整四十五分鐘了。但中國軍醫認為，這可能是嚴重的心臟驟停現象。只要有百分之一的希望，就要盡百分之百的努力！整個醫療分隊立即行動起來，開始緊急施救。經過一個晝夜的不懈努力，這位維和軍人終於重獲新生。聯剛團最高部隊醫務官高興地稱之為「醫學奇蹟」。

除了為維和軍人服務，中國維和醫生還經常走出營區開展義診，為當地百姓送醫送藥。

二○○六年八月十五日上午，駐利比里亞的中國維和醫療分隊突然接到當地無國界醫院轉來的一名急診孕婦，轉診信上寫著該孕婦懷孕八個月，胎兒已死月餘。由於失血過多，孕婦已處於休克狀態，命懸一線。

孕婦本來不屬於中國維和醫療分隊的救治範圍，分隊裡也沒有編配婦產科醫生和專用儀器設備。但是如果把病人推出去，這名孕婦只有死路一條。孫天勝隊長當機立斷：孕婦生命要緊，馬上組織搶救！

急救室內開始忙碌起來，心電監護、緊急止血、輸液……。在搶救過程中，醫生們意外發現胎兒仍然存活。搶救小組立即撥通了北京軍區總醫院婦產科專家的電話，在萬里之遙的專家技術指導下，做好剖宮產手術準備。在對症治療四小時後，孕婦病情穩定下來。入院六小時，孕婦出現宮縮。在醫護人員協助下，孕婦順利分娩，產下一個二點五公斤重的健康男嬰，母子平安。

得到這個喜訊，所有在場的人無不為這對母子感到由衷的高興。當中國維和軍人把這對母子送回當地無國界醫院時，該院所有醫護人員夾道歡迎。很快，中國維和醫療分隊從死亡線上成功搶救母子二人的消息在當地傳為美談。為了表達對中國軍人救命之恩的感激之情，母親為孩子起了個中國名字「利華」，意為「利比里亞——中國」。

和平之友、戰爭之敵

除了工兵分隊和醫療分隊，中國還派出不少維和運輸分隊。他們每天都在道路崎嶇、衝突不斷的任務區內往返，承擔著艱巨的運輸保障任務，為聯合國維和事業作出了巨大的貢獻。

此外，中國人民解放軍還派出大量軍事觀察員參與聯合國維和行動，主要任務是在任務區軍事指揮機構的統一指揮下，核查和監督衝突各方落實和平協議的情況，協助聯合國有關部門開展對非法武裝人員解除武裝和遣返、重建國家軍隊和恢復社會秩序等方面的工作。自參加聯合國維和行動以來，中國軍事觀察員憑藉出色的敬業精神和過硬的業務素質，完成了大量的觀察、聯絡、談判、報告等任務，在任務區工作中發揮了重要作用。

二〇〇六年七月二十六日，處在黎巴嫩、以色列武裝衝突最激烈地區之一的希亞姆哨所被一枚以軍砲彈炸成廢墟。來自中國的聯合國軍事觀察員杜照宇和來自其他國家的四名觀察員為人類的和平獻出了生命。無情的炮火帶走了杜照宇三十四歲的年輕生命，卻帶不走這位剛強鐵漢的錚錚誓言：「軍人的職責不是製造戰爭，而是制止戰爭。」

二十多年的維和征途，中國人民解放軍先後有九名官兵犧牲在維和一線。他們用自己的生命詮釋了聯合國維和的使命和責任，讓全世界看到了來自一個愛好和平的民族超越國界、超越民族、超越意識形態的情懷。他們如流星一樣隕落，卻讓和平的陽光照亮了世界上更多的地方。

實施國際人道主義救援

參加國際災難救援行動，履行國際人道主義義務，同樣是人民解放軍義不容辭的責任。每當大難降臨的時候，中國軍人總是在第一時間趕赴受災國。

由於災難的不可預見，中國救援隊始終保持待命機制，常年處於待命狀態，時刻準備接受救援任務，確保在一小時內完成國內救援任務的啟動準備，二小時內完成國際救援任務的啟動準備。

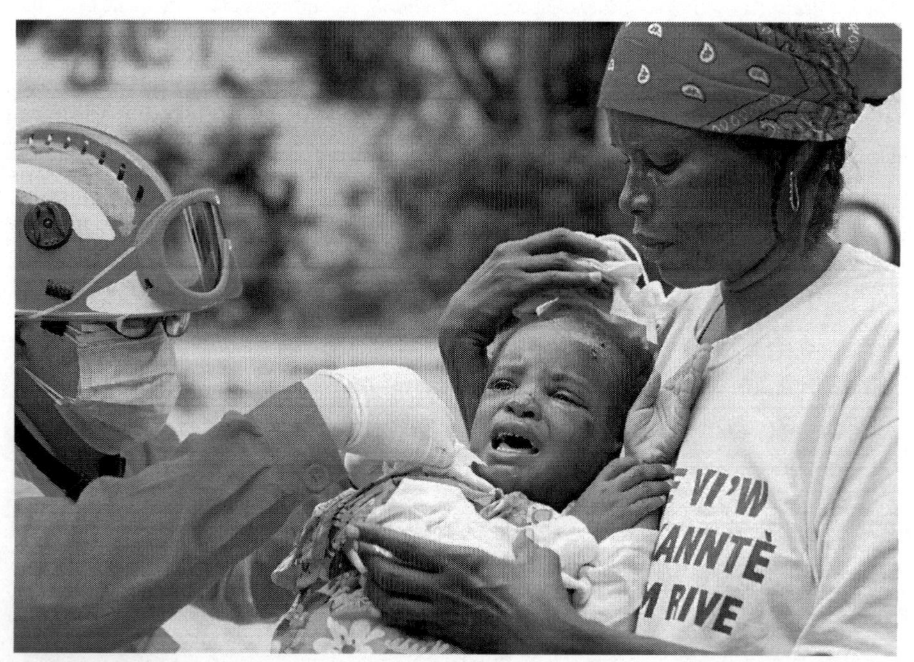

▲ 海地地震救援

快速出動

二〇一〇年一月十三日，海地發生七點三級地震，造成重大人員傷亡。「聯合國駐海地特派團」總部十層高的辦公大樓也在地震中粉碎性坍塌，大約一百五十到二百人被掩埋在廢墟裡，救援難度前所未有，救援行動刻不容緩。儘管中國政府與海地並未建交，儘管海地遠在地球的另一端，但是由中國人民解放軍工兵部隊以及武警總醫院醫護人員和國家地震局專家組成的中國國際救援隊卻是最早抵達現場的專業救援隊之一。

當地時間一月十四日凌晨一時許，搭乘著六十餘名中國救援人員的中國飛機就已飛抵海地太子港機場上空。從飛機上可以看到下面微弱的長串跑道燈，但卻沒有地面指揮。在空中盤旋了約半個小時後，曾經飛過海地的機長決定實行「盲降」，對準跑道燈開始下降，於二時二十分左右成功著陸。由於飛機較大，機場專供小飛機使用的活動舷梯與機艙口的高度還相距一米多。但是救援隊員已經等不及了，他們一個接一個跳到舷梯上，迅速走下飛機……

二〇一〇年一月十四日抵達海地的中國國際救援隊由六十八名成員組成，他們攜帶三條搜救犬和搜索設備、生命探測儀、破拆裝備以及醫療器材等，在飛行了一萬五千公里之後，迅速投入救援行動。

中國國際救援隊的搜救任務區包括聯合國海地穩定特派團（簡稱「聯海團」）總部辦公大樓在內的二十三個救援點。當地白天氣溫在三十五度以上，而在驕陽下的廢墟上，溫度則接近四十度，空氣中還瀰漫著屍體的腐臭味。為了確保被壓埋人員的安全，救援工作還不能大量使用機械，許多任務只能依靠雙手工作，所以勞動強度非常大。但救援人員不顧疲勞，爭分奪秒施救。

與此同時，中國醫務人員迅速在海地總統府和總理府門前的廣場設立流動醫院，為當地災民實施醫療救治。據媒體報導，這是國際社會在地震後開設的第一個緊急醫院。在短短的幾天時間內，這個醫院就救治了二千五百多名災民，發放藥品多達一百五十餘種。考慮當地災情嚴重、防疫任務嚴峻，中國軍隊又於一月二十四日派出四十名醫護人員組成醫療救護隊，前往萬里之外的海地救治受傷民眾。

中國國際救援隊快速反應的背後，反映了過硬的專業素質和嚴格的日

▲ 中國救援隊在海地瑪依卡代開設醫療救助點

常訓練。中國國際救援隊組建時間雖然不長，但指揮人員、普通隊員和醫療人員都接受過災害救援專業培訓，擁有豐富的救援經驗，多次參加國內外大型災害救援行動。僅二〇〇一年四月以來，中國國際救援隊就先後參加了阿爾及利亞地震救援、伊朗巴姆地震救援、印度尼西亞班達亞齊海嘯和日惹地震救援、巴基斯坦地震和特大洪水救援、海地地震救援和日本地震海嘯救援。在阿爾及利亞和巴基斯坦地震救援中，中國國際救援隊是少數幾個成功搜救出倖存者的隊伍之一。在印尼海嘯救援中，中國國際救援隊是救助傷病員最多的外國救援隊。

自二〇〇二年參與對阿富汗進行緊急物資救援以來，中國人民解放軍已二十八次執行國際緊急人道主義援助任務，共向二十二個受災國提供總價值超過九點五億元人民幣的帳篷、毛毯、藥品、醫療器械、食品、發電機等救援物資，已成為國際人道主義救援行動中的不可缺少的一支重要力量。

連續奮戰

「趕緊，又來了一個急診，快去看看！」，一個急促的聲音呼喚著中國赴巴基斯坦醫療隊的醫生。這是發生在二〇一〇年九月五日凌晨二時的一幕。一位巴基斯坦婦女懷抱著一個小女孩等在那裡，小女孩懨懨地趴在媽媽肩上，不時張口嘔吐。中國兒科醫生和他的助手們迅速忙碌起來，聽診、測體溫、開藥方、輸液。直到天亮，這位婦女才抱著安然熟睡的孩子面帶喜悅地離開。

這一年的夏天，巴基斯坦連遭暴雨襲擊，受災嚴重。中國在第一時間內向重災區派出由中國人民解放軍和武裝警察部隊醫療人員組成的兩支醫療救援隊。

八月二十八日下午十七時，由五頂大帳篷組成的中國流動醫院矗立在特達災區，開設有兒科、婦科、呼吸科、皮膚科等二十多個科室。針對當地女性看病風俗，醫院還專門成立了「女士門診」。在流動醫院裡，中國醫生實施二十四小時門診，兒科醫生人均每天接診兒童高達一百三十人次，天天超負荷運轉。面對眾多等待救治的災區患者時，他們忘記了勞累，全身心投入到工作之中。

十月十日，中國醫療隊成功為當地一名十五歲小男孩進行了泌尿系統結石手術。由於這名男孩的病情非常複雜，醫療隊利用電子視頻，與國內專家進行遠程醫療會診，通過網絡共同研究病例，制定手術方案，確保了手術的圓滿成功。

二〇一一年三月十一日，日本東部海域發生九級強烈地震，並引發巨大海嘯，造成嚴重人員傷亡和巨大財產損失。中國政府在第一時間向日本派出了中國國際救援隊，並向日本提供了緊急救災物資等。

在這次地震中，中國國際救援隊是最早抵達重災區的國際救援隊伍。施救地點位於災情較重的岩手縣大船渡市。為了提高搜救效率，在第一時間內搜索最有可能存在生命跡象的廢墟，救援人員兵分兩路：一路為偵察組，採取現場勘察和詢問當地居民等方式，迅速預先定位重點房舍；另一路為搜索組，採取人工排查與生命探測儀等技術手段相結合方式，實施精確、快速、地毯式排查搜索。

日方對中國救援隊給予了極大的支持，提供一台挖掘機進行配合。救援隊除完成正常救援任務外，還幫助當地民眾搭建帳篷、搬運物資、疏導交通。當地人民也非常感激中國國際救援隊，當隊員們進入當地一家限制

▲ 陸軍航空兵赴巴基斯坦執行救援任務

購物人數的便利店購買生活用品時，熱情的店內工作人員不但不收錢，還免費贈送一些食品和必需品。

在從大阪去大船渡市的路上，一位名叫田中智也的日本救援指揮協調官負責協調國國際救援隊在這個區域的搜救行動。在其他國家救援隊陸續回國後，他始終與中國救援隊在一起工作。十九日，當接到撤回大阪的命令時，他充滿感情地對中國救援隊員表示，「中國國際救援隊在大船渡市的搜救行動我都看到了。我非常欽佩你們的敬業精神和專業能力。衷心感謝你們所做的搜救工作。」大船渡市市長戶田公明先生指出，「中國救援隊到日本災區來救災，表達了中國人民對日本人民的友好情誼，你們的行動對發展中日關係將起到重要作用。」

開展文藝體育交流

美國總統尼克松在《尼克松回憶錄》一書中，回憶了一九七二年訪華時初次見到中國軍人的場景，「中國儀仗隊是我看到的最出色的一個。他們個子高大、健壯，穿得筆挺，當我沿著長長的隊列走去的時候，每個士兵在我經過時慢慢地轉動著他的頭，在密集的行列中產生一種幾乎使人認為行動受催眠影響的感覺。」當時隨行的國務卿基辛格博士也在著作《白宮歲月》中發出感慨：中國這支儀仗隊的嚴格紀律，是我隨總統出訪中印象最深的。

▲ 尼克松檢閱人民解放軍三軍儀仗隊

其實除了三軍儀仗隊，解放軍軍樂團等不少部門近年來也不斷走向國際舞台，向各國人民傳遞來自中國人民和中國軍隊的真摯友誼。

音樂無國界

一九八七年十二月，應泰國邀請，一支由七十人組成的人民解放軍軍樂代表團飛抵曼谷演出，這是中國軍樂團首次走出國門。在曼谷體育館裡，中國軍樂代表團排成整齊劃一的隊列，各種樂器的聲音交相融合，一支支鏗鏘激昂的旋律在體育館久久迴蕩。隊列行進吹奏表演結束後，軍樂團又即興演奏了泰國國王親自創作的歌曲和一些中國民族歌曲。隨著樂曲響起，體育館內沸騰起來，掌聲、歡呼聲此起彼伏。當中國軍樂團演出完畢退場後，一些泰國觀眾還一路追到場外鼓掌歡呼。

人民解放軍軍樂團是一支由銅管、木管、打擊等樂器演奏員組成的大型管樂演奏團體，主要任務是為國家和軍隊的重大典禮、重要會議、迎送國賓等儀式舉行音樂演奏，先後迎送過一百六十多個國家的近千位元首、政府首腦和軍事代表團，為世界各國六百多萬觀眾舉辦過七千多場音樂會，還出訪近三十個國家和地區，用音樂與各國開展了溝通與交流。

一九九四年六月，包括中國軍樂團在內的八個國家軍樂團參加了芬蘭國際軍樂節。中國軍樂團每到一地，都懷著敬意演奏芬蘭偉大作曲家西貝流士創作的、表現芬蘭人民不滿外族壓迫、爭取自由解放的音樂史詩《芬蘭頌》。每當奏響，觀眾都自動起立，長時間鼓掌，許多人感動得流下了眼淚。當中國軍樂團來到哈米娜市演出時，這座只有一萬多人的邊塞小城象過節一樣，市民成群結隊地前來觀看演出。軍樂節閉幕時，芬蘭國際軍樂節組委會秘書長向中國軍樂團贈送了題為《友誼》的總譜，並親手把主會場的會旗贈送給中國軍樂團。他說：「只有世界上最好的樂團，才能享有如此殊榮！」

當中國軍樂團赴法國參加歐洲國際軍樂節時，阿爾貝維爾市年僅八歲的男孩於連對中國軍樂團非常著迷，特向組委會提出要擔任中國軍樂團開幕式的嚮導，表達他對古老中國文化的嚮往之情。

二〇〇四年一月，應第四十屆德國不萊梅國際音樂節組委會邀請，中國軍樂團組成了由七十八人組成的代表團飛赴不萊梅。一年一度的「不來梅國際音樂節」堪稱歐洲最著名的國際性軍樂盛會。首次在此露面的中國軍樂團被組委會特意安排擔任全部七場演出的壓軸戲。當中國軍樂團以新穎的編排、高超的技藝將一首首世界名曲和中國民族樂曲展現給觀眾時，觀眾掌聲如雷。同年八月六日晚，中國軍樂團應邀參加了第五十五屆愛丁

▲ 中國人民解放軍軍樂團與來自其他國家的十二個軍樂團一道，參加愛丁堡軍樂節盛大演出.

▲ 中美兩國軍樂團聯袂在聯合國總部演出

堡國際軍樂節，被組委會安排壓軸出場。當主持人高聲報出「CHINA」之後，古堡城門洞開，廣場上立刻響起了雄壯的《中國人民解放軍進行曲》。身著軍禮服的中國軍人，踏著鏗鏘的節奏，雄糾糾氣昂昂地出現在觀眾面前。這是愛丁堡古城首次迎來中國軍人，全場觀眾報以長時間雷鳴般的掌聲。

二〇一一年五月十六日晚，被美軍鄧普西上將譽為中美兩國「國寶」級的軍樂團首次相會在華盛頓，聯合演奏主題為「音樂架起友誼與合作的橋樑」的音樂會。兩軍軍樂團分別演奏了中美兩國國歌和民歌。演出最激動人心的部分，是聯合演奏《朝天闕》、《飲酒歌》、《牛仔》等名曲。當兩軍軍樂團指揮分別執棒壓軸曲目《歌唱祖國》和《星條旗永不落》這兩首在中美兩國家喻戶曉的名曲時，觀眾擊掌相和，現場氣氛更趨熱烈。此次解放軍軍樂團訪美，是中美建交以來兩軍首次在軍樂領域的交流。訪美期間，兩國軍樂團在華盛頓、費城、紐約共舉辦了五場聯合演奏會，把友好互動推向高潮。

中國軍樂團赴國外訪問交流的同時，還先後應邀派出六批專家組赴馬里、乍得、圭亞那、厄立特里亞、文萊等十多個國家執行教學任務，為所到各國培訓軍樂人才。中國軍樂團藝術家所到之處，受到了各國政府、軍隊和人民的高度讚揚。厄立特里亞總統親自為中國軍樂團專家組成員簽署和頒發嘉獎令，馬里總統授予專家組三名成員「大騎士」勛章。

軍旅標兵

二〇一一年七月五日，委內瑞拉迎來了獨立二百週年紀念日。當天中午十二時，在首都加拉加斯的普羅塞萊斯大道上舉行了委內瑞拉歷史上最大規模的閱兵式。十二時三十分，由中國三軍儀仗隊領銜的十七個嘉賓國儀仗隊登場。中國三軍儀仗方隊為三乘六米的長方形隊形，整齊有序。現場主持人介紹說：「首先走來的是中國人民解放軍三軍儀仗隊。從一九五二年三月組建至今，中國三軍儀仗大隊先後成功執行了近三千二百場次的儀仗司禮任務。」

人民解放軍最早的儀仗隊出現在一九四六年三月四日。當時，為迎接美國總統特使馬歇爾上將訪問陝甘寧解放區，從駐南泥灣某團中挑選了五百名戰士，組成了解放軍歷史上第一支儀仗隊。一九五三年六月二十九日，中國人民解放軍儀仗隊正式組建。此後，進入這支特殊的隊伍，成了很多中國小夥子的夢想。在普通人的眼裡，他們身材勻稱、英姿颯爽，經常出現在重大的場合，讓家人和朋友無比自豪。

當然，訓練中的刻苦是不言而喻的。新兵到部隊後首先要完成五個月的基本軍事科目學習，考核合格後，才能轉入儀仗隊的專業科目學習。

站立、正步走等科目是最基礎的。士兵們無論嚴寒酷署，一遍遍地做著枯燥的動作，背上結滿鹼花、帽簷下結滿冰霜，是常見的事。

體力的提升和心理的訓練是同步的。儀仗兵需要的不僅是姿態，更需要發自內心的毅力和氣質。他們必須做到莊重卻不呆板，嚴肅卻陽光，渾身洋溢著青春氣息和陽剛之美。

經過訓練，一位合格的儀仗兵能端著四公斤重的禮賓槍，紋絲不動站立三小時以上，走正步「百米不差分毫，百步不差分秒」，迎風迎光四十秒不眨眼。

儀仗隊裡最令人矚目的當然是走在最前列的指揮員，但他同時也是最辛苦的。他手中的指揮刀有一點六五公斤重，每次要完成十多個持刀禮

▲ 中國人民解放軍儀仗隊在委內瑞拉首都加拉加斯舉行的閱兵儀式上亮相

節，下達三十多道口令，每道口令必須讓從排頭到排尾一百多米範圍內的每一個隊員都能聽清楚。

中國儀仗兵獲得了很多著名人士的讚譽。一九八六年十月，英國女王伊麗莎白二世在人民大會堂東門外廣場檢閱了中國儀仗隊，印象極為深刻。

幾個小時後，女王來到上海，當她走出遊艇時，看到遊艇的浮水碼頭上，肅立著一位年輕英俊的士兵。當女王走近他的時候，士兵向她舉槍敬禮。當女王再次經過浮水平台時，已經是六個小時之後了。女王驚奇地發現，原來的位置上，還是這位哨兵以同樣的姿態肅立著。當女王通過時，年輕人再次給了個漂亮的舉槍禮。女王邊走邊向陪同的中國領導人說：「中國儀仗隊紀律嚴明，真是無與倫比。」

特種兵的較量

一九九八年七月十二日，北京國際機場，飛往赫爾辛基的 AY052 航班即將起飛。在乘客中，有八個表情堅毅、身材健碩的帥小夥子。在他們的行李中，攜帶著中國最先進的步兵單兵武器裝備。他們是中國特種兵，前往愛沙尼亞參加「愛爾納突擊」國際偵察兵競賽。

「愛爾納突擊」是知名度最高、最貼近實戰的偵察兵競賽，獲勝者得到的最高榮譽是「卡列夫勇士」獎。

中國特種兵當時在世界上並不知名，而且這次比賽共有二十七個國家代表隊參賽，比此前歷次競賽參賽人數和國家都多。但是中國小夥子們充滿自信，平日異常艱苦的訓練不僅讓他們練就一身功夫，而且還培養出了超常的意志力和團隊協作精神。

在四天三夜的比賽期間，士兵們七十二小時不間斷比賽。每人全副武裝，平均負重三十多公斤，完成十個控制站上二十二項定點競賽，隱蔽穿行一百五十公里的密林、沼澤、河流，同時還要躲避假設敵。

比賽中， 有七個代表隊因被假設敵反覆抓獲，罰分太高，最終退出比賽。

但是，兩天過去了，中國隊還沒有一次被假設敵抓住，罰分仍為零。這是前幾屆競賽中不曾出現的。

最後一天，「敵人」重點捉拿中國隊。

長途負重而來三天三夜沒闔眼，只有一個指北針、一張行軍圖和一個小手電，中國隊能保持自己的戰績嗎？

▲ 參加愛爾納突擊大賽的中國特種兵

誰也沒想到，中國隊跪著爬過了「敵人」控制的道路下邊的深水溝，當被「敵人」發現時，他們一口氣游到千米遠的湖岸，徹底突破第二道防線，踏進安全區。

「敵人」也不甘示弱，他們傾巢出動，把中國隊逼到原始森林中。

面對嚴重的危機，中國隊決定以小代價，換取大戰果。一小隊隊長主動「犧牲」自己把「敵人」引開，其他三名隊員乘機衝出第三道封鎖線。二小隊隊員不慎陷入沼澤地，其中三名隊員被「敵人」抓獲，僅剩的一名隊員藉助一根樹枝成功脫逃。他成為一百多名各國參賽隊員中，唯一沒有被「敵人」抓獲的偵察兵。

中國隊最終奪得全部二十二個競賽項目中的九個單項第一、兩個第

二、三個第三和外國隊組團體總分第一名，被授予最高榮譽「卡列夫勇士獎」。

此後，中國的特種兵在諸多國際比賽中頻頻現身，每次都有出色的表現和驕人的成績。

二〇〇九年，中國小夥子們參加了「安德魯波依德」第十四屆國際特種兵競賽。「安德魯波依德」競賽是北約組織為常規軍事力量中的空降兵部隊或特種部隊舉辦的年度軍事競賽，每年舉行一次，可謂強手雲集。

在歡迎晚宴上，斯洛伐克特戰團團長柳米爾・謝博上校坦率地對中國代表隊隊長張秀光說：「中國軍人跨越八千公里來到歐洲很是難得，但是，中國隊恐怕不可能贏得比賽。因為中國軍人論身體條件不及歐美隊員壯實高大，武器裝備也不及美國、英國等國先進。」張秀光微笑著回答：「那好吧，賽場見。」

七月二日子夜，激動人心的障礙比賽開始了。二百米的距離設有高牆、雙道獨木橋和高低槓等十多處高難度障礙。四名隊員必須將二十公斤重的圓木，連同人員一起從障礙物上翻越過去，整個過程，圓木不能著地，否則扣分。

該項目是斯軍特種兵競賽隊的強項，最好成績四分二十秒，歷屆無人能破。

隨著一聲哨響，中國代表隊的二小隊開始衝擊紀錄，結果三分三十秒，成功打破紀錄。但這還不是最精彩的結局。緊接著上場的一小隊表現更為神勇，用時三分十一秒。當裁判宣布完成績後，現場一片寂靜。

最後一戰是負重二十公斤的五點四公里全副武裝越野。這個比賽課目是體力、耐力的比試，更是精神、意志的較量。

在比賽中，中國隊員中最年輕的成員吳志輝扭傷了腳脖子，按規定，受這樣的傷可以退出比賽，但要扣分。為了不影響全隊的成績，他瘸著腿，忍著痛，一直沒有放棄。中國隊互相勉勵，協力奮進，終於在最後一百五十米超過了提前三分鐘出發的斯隊。

在這次比賽中，中國特種兵奪得十三個比賽項目中的八個單項第一、六個單項第二、四個單項第三，摘取金牌數、獎牌數和參賽隊總分三項桂冠，創下開賽以來多項新紀錄。

在比賽結束的宴會上，柳米爾・謝博上校對張秀光說：「中國軍人速度之快，耐力之強，創造了『安德魯波依德』競賽的歷史！」

▲ 參加二〇〇九年七月第十四屆「安德魯波依德」國際特種兵比賽的中國軍人

參加中外聯演聯訓

「中國人非常善良，對來自鄰國的客人尊敬、愛護有加。軍演期間，突遇暴雨，中國人首先熱心幫助俄軍保護裝備，解決暴雨給軍人的帳篷生活造成的種種困難。這再次體現了中俄軍人的友好關係。俄羅斯軍官注意到，中國人願意隨時隨地為我們提供真誠的幫助，包括交流在華野戰生活經驗等等。」這是俄羅斯《紅星報》二〇〇九年八月一日發表的文章，作者是俄羅斯軍事記者奧列格・戈魯派。

戈魯派在文中寫道：「中國的力量就在於，有學習和變革的能力。這種能力在『和平使命—2009』聯合軍演中也有突出表現。中國軍人非常重視研究俄軍進行軍事演習的經驗，並且效仿俄軍反恐行動的做法。我們注意到，許多中國軍官的俄語水平很高。他們對與俄羅斯、俄軍及其新面貌有關的一切都感興趣。可以說，他們是非常勤奮的學生。」

事實上，中國人民解放軍自從誕生的那一天起，就不是一支自我封閉的軍隊，人民解放軍許多傑出的指揮員早年都曾留學國外，積極學習借鑑各國先進的軍事文化。近年來，人民解放軍與各國軍隊舉行聯合演習、聯合訓練的次數不斷增多、規模不斷擴大。通過聯演聯訓，中外軍隊官兵不僅相互學習、相互借鑑，而且深化了各國軍人間的友誼，提升了各國軍隊間的互信，拓寬了國家間戰略合作的內涵。

肩並肩履行和平使命

我是一位中國青年，愛上了

愛琳娜，一個美麗的俄羅斯姑娘
我們奇蹟般相逢在雪花飛揚的紅場廣場
心底輕輕唱著歌兒「莫斯科郊外的晚上」
當迷人的愛情花兒開時我倆熱烈擁抱親吻
忘記了地球上還有恐怖分子的血腥和瘋狂

這是個和平的年代啊
我愛上了一位俄羅斯姑娘
和平是戰爭年代甜蜜的回憶
是白鴿在藍天的飛翔和橄欖枝的芬芳
使命伴隨的卻是血與火的考驗
是鋼鐵般的意志和中俄兩國軍民犧牲的榮光

這首美麗溫馨的詩歌是一位中國記者寫下的，標題是《和平使命——2005到永遠》，作者標明，這首詩是獻給「和平使命—2005」中俄聯合軍事演習的。

自上海合作組組織成立以來，其成員國已經多次舉行了代號為「和平使命」的聯合反恐演習。這一演習已經成為上海合作組織框架內最重要的軍事演習。

中國軍隊首次與外國軍隊舉行聯合實兵演習始於二〇〇二年十月十到十一日。當時，中華人民共和國與吉爾吉斯斯坦共和國在兩國邊境地區舉行聯合反恐軍事演習。演習以某「恐怖組織」在國際恐怖勢力的支持下，企圖製造暴力恐怖事件為背景展開。演習中，雙方互通情報，共同指揮，

▲「和平使命」聯合軍演

密切協同，全力圍堵殲滅「恐怖分子」。通過這次演習，加深了兩國間的相互了解與信任，提高了兩國軍隊聯合打擊恐怖主義的組織指揮和協同作戰的能力。

二〇〇三年八月六到十二日，在中國和哈薩克斯坦兩國交界的邊境地區，中國、哈薩克斯坦、吉爾吉斯斯坦、俄羅斯、塔吉克斯坦五國舉行了代號為「聯合－2003」反恐軍事演習，這是中國軍隊首次參與多國軍隊聯合反恐軍事演習。中國軍隊派出了七百餘人，配屬坦克、裝甲戰車、火炮、直升機等武器裝備，與其他四國派出的武裝力量共同組成演習力量。中外官兵密切協同，運用多種現代化武器，一同出擊，合圍殲滅恐怖分子。演習的目的是為了推動了這一地區國家間的合作，維護中亞地區的安全穩定和世界和平。

二〇〇五年十八日至二十五日在俄羅斯符拉迪沃斯托克和中國山東半島及附近海域舉行的「和平使命－2005」聯合演習，是中俄兩軍首次舉行的大規模雙邊聯合軍事演習。中俄雙方派出陸、海、空軍和空降兵、海軍陸戰隊以及保障部（分）隊近萬人參加演習。此次演習是為了紀念世界反法西斯戰爭勝利六十週年和中國人民抗日戰爭勝利六十週年而舉行的，中俄兩國邀請上海合作組織成員國國防部長、上海合作組織觀察員國代表觀摩了聯合演習。此次演習的成功，標誌著中俄兩國軍事合作進一步深化，並把兩國戰略協作夥伴關係提升到新水平。

二〇〇七年八月，上海合作組織舉行了「和平使命－2007」聯合反恐軍事演習，成為第一次全體成員國武裝力量參加的聯合軍事演習。演習的戰略磋商階段在烏魯木齊進行，聯合反恐戰役的準備與實施階段在俄羅斯車里雅賓斯克進行。演習進一步充實了上合組織防務安全合作的內容，加強了在成員國武裝力量在軍事訓練領域的合作，提高了成員國武裝力量共同應對新挑戰和新威脅的能力。

除了參加大規模的聯合軍事演習，中國陸軍部隊還與一些國家陸軍部隊開展了小規模聯合訓練。與巴基斯坦、印度、新加坡、蒙古、羅馬尼亞和泰國等國舉行以反恐、安保、維和、山地作戰、兩棲作戰等課目的聯合訓練。

在這些聯訓中，陌生的異國戰士們混編同訓，有了更多的交流，甚至成為朋友。「友誼行動－2010」是中國和羅馬尼亞山地部隊的聯訓。就像名字一樣，這次聯訓成為名符其實的「友誼行動」。

根據雙方約定，這次聯訓羅方隊員使用中方提供的武器和裝具，所以開訓的第一講就是立姿驗槍。一開始，不少羅方隊員「抱怨」95 式自動步槍不太適合他們的「大手」，而戰士們大多只會簡單的英語，雙方的交流似乎會成為巨大的障礙。但是讓人感到意外的是，混編隊伍裡，幾乎每一位士兵都面帶笑容。笑容無疑成了最好的老師，甚至比語言更有助於人與人的溝通。結果羅馬尼亞戰士們只用了不到十分鐘就掌握了驗槍的動作要領。

幾天下來，每次訓練，除了必須嚴肅的時段，笑容都是練兵場上雙方隊員的主打表情。出發時，他們相互擊掌加油；行進時，中方隊員已經開始試著哼唱羅軍歌曲；訓練場下，時常能見到言語不通的兩國戰士湊在一起，連說帶比劃地講笑話。

除了聯演聯訓外，中國軍隊後勤部門還與外軍開展了以「和平天使」為主題的人道主義救援演練。

二〇〇九年六月，由北京軍區白求恩國際和平醫院和軍事醫學科學院

▲ 中國和羅馬尼亞軍隊在「友誼行動—2010」的陸軍山地部隊聯合訓練中

人員為主組成的醫療隊，遠赴萬里之遙的加蓬，與加蓬軍隊成功舉行「和平天使－2009」人道主義醫療救援聯合行動。這是中國軍方首次與外軍開展衛勤聯合行動，也是中國軍隊首次成建制與非洲國家舉行聯合行動。聯合行動期間，中方六十六名醫療隊員與加方三百多名醫務人員共同在加蓬四個地區診治病人一萬八千多名，手術三百多例，使加蓬東北邊陲的民眾得到了高質量的免費醫療服務。

二〇一〇年十一月二十三日，「和平天使－2010」中國與祕魯人道主義醫療救援聯合作業在祕魯首都利馬舉行。在臨時開設的「野戰醫院」中，一名中方醫護人員和一名秘方醫護人員編成一組。在交流培訓階段，中方醫療隊的專家教授做了高原病防治研究和部隊常見皮膚病防治等專題講座，秘方醫生則與中方分享了他們有關戰爭創傷救治的經驗。

在這次聯訓中，兩國的醫護人員特意在特裡翁弗貧民區開展為期五天的義診活動，共診治病人四千一百多人次，發放了大量藥品和物資。

聯合作業閉幕式結束後，中秘雙方參演人員紛紛合影留念，互換臂章和禮物，還有人相擁而泣。祕魯陸軍衛生局局長瑪羅喬說：「中秘兩國雖然相隔萬里重洋，但這阻隔不了兩軍發展友好關係的決心。」

手拉手趟過雷區

二〇〇二年十一月初的一天，在非洲厄立特里亞阿瑞扎地區的山地雷場，十四名中國掃雷專家正在這裡為厄方學員進行單兵掃雷示範。擺在他們面前的雷場在當地有「死亡地帶」之稱，不僅埋有數以萬計的地雷，而且種類雜、埋雷時間跨度長。隨行的厄方官員介紹說，這裡曾經是老百姓的耕地，經歷戰爭後成為一片焦土，已有幾十人在這裡觸雷傷亡。

在厄方學員的注目中，中國專家組成員不一會兒就查出三十多枚地雷和爆炸物。緊接著是「爆破式」掃雷示範，用爆破筒對埋藏稍深的地雷進行引爆。一聲聲巨響中，黑色彈片四處飛濺，火光遮天蔽日。一條長近五十米、寬二百毫米、深三百毫米的爆炸溝呈現在人們眼前，溝兩側沒被氣流壓爆的地雷也被翻出了地面。

為了向厄方檢驗掃雷質量，每掃除一片雷場，中國專家就手拉手從上面來回走幾趟。厄方學員感動地說：「這是我們見到的世界上獨一無二的檢驗雷場的方法！」

▲ 對阿富汗軍人進行掃雷培訓

事實上，在人民解放軍軍事院校體系中，有一所與雷患作鬥爭的院校，它就是人民解放軍工程兵指揮學院。該院根據國際人道主義掃雷標準和不同國家雷患實際，採取理論授課、模擬雷場探雷掃雷作業和綜合演練等形式，實施針對性的培訓。受訓人員不僅學習地雷與彈藥知識，還要掌握常用探雷掃雷技術裝備操作技能，實地演練掃雷行動的組織與實施方法。該學院已先後為十五個受雷患影響的國家培訓了一百八十餘名掃雷人員。

除了舉辦掃雷培訓，人民解放軍的軍隊院校也應一些國家的要求，培訓外國軍事人員。

南京陸軍指揮學院是人民解放軍培訓外國軍事人員的眾多院校之一。走進南京陸軍指揮學院國際軍事教育交流中心教學大樓，首先映入眼簾的是鑲嵌著古色古香的「和」字匾的一面牆。此匾由二百三十六種不同字體

▲ 美軍參聯會主席佩斯訪問解放軍理工大學並與學員交流

的「和」字組成，它不僅吸引著許多外國學員在此駐足良久，更多的是傳遞了當代中國對和平與發展這一世界主題的準確判斷與構建和諧世界的真誠努力。

二〇一〇年底，學員巴哈德中校就從「和字匾」的意義出發，完成了題為《和平追求下的南亞安全戰略研究》的畢業論文。他在文章中說：「用和平的理念謀劃，世界會更美好。」在這裡，外軍學員最喜歡的課程是《孫子兵法》。在參觀《孫子兵法》竹簡出土地後，來自非洲的學員約瑟夫少校表示：「《孫子兵法》在我們那裡被稱為『戰爭的藝術』，但實際上，它的主旨思想是和平。」

為了讓外軍學員加深對軍事理論的理解，南京陸軍指揮學院把學員從理論碰撞、知識湧動的課堂帶到實踐基地進行實踐性教學，並從全國、全軍聘請數十位知名專家學者擔任客座教授，開闊了學員的視野。由學院舉辦的「鐘山國際論壇」、「學術交流周」、「國際軍事學術研討會」等學習和研究平台，已經舉辦一百多場研討活動，接待一百多次外軍來訪交流。

在承擔外國軍事人員培訓的同時，中外軍官相互學習和交流的步伐也在不斷加快。

二〇一一年六月七日至十四日，來自澳大利亞、埃及、法國、德國、日本、泰國、美國等國七所軍事、防衛院校的二十五名學員代表齊聚人民解放軍理工大學，與該校學員一起共同參加第四屆陸軍國際學員周活動。

在短短的一周時間裡，國際學員們成了名符其實的「同學」。中外學員一起跟班聽課，參觀教學訓練設施，組織輕武器射擊、單兵戰術、室內障礙和心理行為訓練，舉行主題演講、軍事論壇活動。在休息的時間，大家打籃球、唱歌、彈琴、練中國功夫、學寫中國毛筆字，還到南京和北京的名勝古蹟遊覽。碰巧遇上一位德國學員的生日，大家給他生日的驚喜，開 PARTY，送小禮物。

雖然學員們操著不同口音的英語，但這並不妨礙他們逐漸熟識、彼此靠近，當分別的時刻到來，他們已經成了真正的朋友。來自美國西點軍校的學員科林・查普曼和中國學員握手道別時說：「這是讓我難忘而驚奇的一周，有機會我會再來中國。」

友誼沒有國別，和平超越戰爭。這是全球化時代的主題，也是中國軍人的共識。在這個並不完美的世界上，中國軍隊仍然面臨著諸多的考驗和抉擇。對於這樣一支有著光榮的歷史和獨特的價值觀的軍隊來說，保衛祖國和同胞的安全是神聖的職責，而同樣神聖的使命是增進各國間的了解和互信，為地球家園的安寧與和平而努力。

尾聲　人民的軍隊

前美國國防部長威廉・佩里說，「人們認為軍隊是戰爭機器，其實何止如此。」

中國軍隊也許比世界上任何其他一支軍隊都能體現出這一點。

人民解放軍來自於一個有著五千年歷史的國度，它對於社會生活和大眾文化參與的程度之密切會令很多西方人難以理解。在中國的電視螢屏中，經常可以看到戰士和平民們一起參與節目的鏡頭。最能體現這一點的莫過於一個叫雷鋒的普通戰士。這位在四十多年前中國家喻戶曉的「全心全意為人民服務」的模範士兵，在今天仍被人們視為勤奮工作和樂於助人的學習榜樣。

中國軍隊締造者的毛澤東不但是一位優秀的軍事家，更是一位偉大的哲學家和政治家。他本人對中國命運乃至人類命運的思考，從一開始就極大地影響了中國軍隊的理念和氣質，使得這支軍隊從一開始就顯現出與眾不同的特點。

人民解放軍是一支植根於中國農民的軍隊，這支軍隊曾在陷入絕境後通過令人難以置信的 「長征」生存了下來。這支一度裝備落後、給養匱乏但是士氣高昂的軍隊最終創造了奇蹟。在毛澤東等人民解放軍的締造者看來，這一奇蹟的取得離不開人民的支持。從「為人民服務」到「人民戰爭」，在第一代人民解放軍軍人的心目中，中國軍隊與人民是永遠息息相關的。無論時代如何變遷，無論遭遇多少現實的挑戰，這一根本宗旨永遠不能動搖。

上個世紀七〇年代末期中國開始改革開放時，面臨著建設資金的嚴重不足，中國軍隊在國防經費上做出了犧牲，毫無保留地服務於國家建設的大局。長江抗洪、汶川救災、開發大西北——哪裡需要人民解放軍，人民解放軍就會出現在哪裡。

隨著中國經濟的不斷發展，人民解放軍也日益走向現代化，但曾經的共同記憶使得這支軍隊始終堅守自己的價值觀，努力履行著「為人民服務」的神聖職責，並將其推廣到國際事務中，時刻銘記「維護世界和平、促進共同發展」這一光榮的使命。

如果不了解中國軍隊的人民特色，就不能真正懂得中國軍隊，也不能從今天紛紜錯雜的信息中，縷清這支軍隊未來的走向。

參考書目

聶榮臻，《聶榮臻回憶錄》，解放軍出版社，2007

張宗遜，《張宗遜回憶錄》，解放軍出版社，2007

蕭克，《蕭克回憶錄》，解放軍出版社，2007

洪學智，《洪學智回憶錄》，解放軍出版社，2007

劉華清，《劉華清回憶錄》，解放軍出版社，2007

張震，《張震回憶錄》，解放軍出版社，2007

李德生，《李德生回憶錄》，解放軍出版社，2007

廖漢生，《廖漢生回憶錄》，解放軍出版社，2007

黃克誠 ，《黃克誠自述》，人民出版社，2004

彭德懷 ，《彭德懷自述》，人民出版社，1981

王焰等 ，《彭德懷年譜》，人民出版社，1998

《劉伯承傳》編寫組，《劉伯承傳》，當代中國出版社，2007

王亞志，《彭德懷軍事參謀的回憶：1950 年代中蘇關係見證》，復旦大學出版社，2009

鄭文瀚，《秘書日記裡的彭老總》，軍事科學出版社，1998

張勝，《張愛萍人生記錄：從戰爭中走來——兩代軍人間的對話》，

中國青年出版社，2008 年

李旭閣，《原子彈日記 1964—1965》，解放軍文藝出版社，2011

《光榮記憶——中國人民解放軍征程親歷記》（6 卷），解放軍出版社，2007

《強軍之路——親歷中國軍隊重大改革與發展》（10 卷），解放軍出版社，2009 年

軍事科學院軍事歷史研究所，《中國人民解放軍的八十年》，軍事科學出版社，2007 年

軍事科學院軍事歷史研究部，《中國人民解放軍戰史》，軍事科學出版社，1987 年

軍事科學院軍事歷史研究所，《中國人民解放軍改革發展 30 年》，軍事科學出版社，2008

中國軍事博物館，《抗美援朝戰爭紀事》，解放軍出版社，2008

陳之中、譚劍峰，《抗日戰爭紀事》， 解放軍出版社，2008

蔣鳳波、徐占權，《土地革命戰爭紀事》，解放軍出版社，2008

姚夫、李維民，《解放戰爭紀事》，解放軍出版社，2008

劉標玖，《行達最前線：中國軍隊後勤三十年變革紀實》，解放軍文藝出版社，2009

涂元季、劉瑩，《錢學森故事》，解放軍出版社，2011

劉優華等，《最高使命：成都警備區抗震救災一線報告 》，解放軍出版社，2008

薛國安，《駕馭信息化戰爭》，解放軍出版社，2007

新社會主義研究叢刊 AA201008

中國人民解放軍

編　　者　王偉、張治宇、俞存華 等
責任編輯　陳胤慧
版權策畫　李煥芹

發 行 人　陳滿銘
總 經 理　梁錦興
總 編 輯　陳滿銘
副總編輯　張晏瑞
編 輯 所　萬卷樓圖書股份有限公司
排　　版　菩薩蠻數位文化有限公司
印　　刷　維中科技有限公司
封面設計　菩薩蠻數位文化有限公司

出　　版　昌明文化有限公司
桃園市龜山區中原街 32 號
電話　(02)23216565
發　　行　萬卷樓圖書股份有限公司
臺北市羅斯福路二段 41 號 6 樓之 3
電話　(02)23216565
傳真　(02)23218698
電郵　SERVICE@WANJUAN.COM.TW
大陸經銷　廈門外圖臺灣書店有限公司
電郵　JKB188@188.COM

ISBN 978-986-496-407-9
2019 年 3 月初版
定價：新臺幣 420 元

如何購買本書：
1. 轉帳購書，請透過以下帳戶
合作金庫銀行　古亭分行
戶名：萬卷樓圖書股份有限公司
帳號：0877717092596
2. 網路購書，請透過萬卷樓網站
網址　WWW.WANJUAN.COM.TW
大量購書，請直接聯繫我們，將有專人為您服務。客服：(02)23216565　分機 610

如有缺頁、破損或裝訂錯誤，請寄回更換

國家圖書館出版品預行編目資料

中國人民解放軍 / 王偉, 張治宇, 俞存華等編著. -- 初版. -- 桃園市 : 昌明文化出版 ; 臺北市 : 萬卷樓發行, 2019.03
面 ;　公分
ISBN 978-986-496-407-9(平裝)

1.人民解放軍

592.9287　　108002854